创意学理论与案例分析

王　珉 等著

浙江工商大学出版社
ZHEJIANG GONGSHANG UNIVERSITY PRESS

图书在版编目(CIP)数据

创意学理论与案例分析 / 王珉等著. —杭州 ：浙江工商大学出版社，2012.9

ISBN 978-7-81140-523-1

Ⅰ. ①创… Ⅱ. ①王… Ⅲ. ①创造学 Ⅳ. ①G305

中国版本图书馆 CIP 数据核字(2012)第 109582 号

创意学理论与案例分析

王 珉 等著

责任编辑 蒋红群 陈维君
封面设计 王妤驰
责任印制 汪 俊
出版发行 浙江工商大学出版社
(杭州市教工路 198 号 邮政编码 310012)
(E-mail:zjgsupress@163.com)
(网址:http://www.zjgsupress.com)
电话:0571-88904980,88831806(传真)
排 版 杭州朝曦图文设计有限公司
印 刷 杭州杭新印务有限公司
开 本 710mm×1000mm 1/16
印 张 11.25
字 数 202 千
版 印 次 2012 年 9 月第 1 版 2012 年 12 月第 2 次印刷
书 号 ISBN 978-7-81140-523-1
定 价 25.00 元

浙江工商大学出版社营销部邮购电话 0571-88804227

前　言

我们正处在一个知识经济蓬勃发展的时代,这是一个需要用创新来推动的时代。“资本和技术主宰一切的时代已经过去,创意的时代已经来临。”近年来这句话已经成为美国从硅谷到华尔街的流行语。据相关资料显示,创意经济每天在全世界创造220亿美元的产值,目前创意产业已经是所有产业中增长最快的产业。

创新是当今时代的旗帜。在中国历史上,从来没有哪个时代如此重视创新。中国创意产业的萌芽虽然出现于2002年,却以最快速度得到了从中央到地方的认可和重视。中国国务院发展研究中心指出,当代经济和社会正在经历一场新的变革——从工业经济时代到创意经济时代,而创意产业已经成为经济发展的新引擎!

21世纪是知识经济的时代,也是创意经济的时代,以人的创造性和智慧为核心要素的创意产业蓬勃兴起,已成为世界产业和城市发展的新趋势。当前,浙江正处在社会结构转型、产业结构升级、城市功能转换的关键阶段,加快发展文化创意产业,对于引领产业向高端发展、实现产业结构优化升级,对于提升中心城市能级、推进新型城市化进程,对于集聚创新要素、建设创新型省份,对于创建文化大省、发展社会主义先进文化等,都具有重要的推动作用。①

知识经济和全球化背景下发展起来的一种推崇创新和个人创造力,强调文化艺术对经济的支持与推动的新兴产业我们统称为创意产业(creative industry)。早在1986年,著名经济学家罗默(P. Romer)就曾提出,新创意会衍生出无穷的新产品、新市场和财富创造的新机会,所以新创意才是推动一国经济成长的原动力。

英国首先将创意产业作为一种国家产业政策和战略理念明确提出。1998年,由英国创意产业特别工作小组出台的《英国创意产业路径文件》中明确提出了“创意产业”这一概念,并将其定义为“源于个人创意、技巧及才能,通过知

① 李跃进:《〈浙江省文化创意产业发展规划〉解读》,[2009-08-31]. http://www.docin.com/p-229442208.html.

识产权的生成和利用，具有创造财富并增加就业潜力的产业”。这一定义阐明了创意产业的核心内容是文化和创意，强调文化艺术对经济的推动力。

而英国经济学家霍金斯(John Howkins)在其2002年出版的《创意经济》一书中，将创意产业界定为其产品都在知识产权法的保护范围内的经济部门，认为版权、专利、商标和设计产业四个部门共同组成了创意产业和创意经济。这一定义着重强调了知识产权在创意产业中的重要地位，并将专利研发活动也纳入了创意产业范畴。

可以说，创意产业在内容上与我们一般所说的文化产业有很多的相同之处，因为创意产业在本质上具有一定的文化性，所承载的内容需要富有文化的内涵，文化艺术对经济的支持和推动在创意产业中得到了外在的显现。联合国教科文组织在2004年蒙特利尔会议上把“文化产业”(cultural industry)定义为“按照工业标准生产、再生产、储存及分配文化产品和服务的一系列活动”，这里的“文化产业”已延伸到“创意产业”领域，并将其分为商品、服务和知识产权三项。

中国创意产业研究中心在《中国创意产业发展报告(2006)》中将创意产业解释为，指“那些具有一定文化内涵的，来源于人的创造力和聪明智慧，并通过科技的支撑作用和市场化运作可以被产业化的活动的总和”。

2008年，考虑到创意产业的本质特征以及其在浙江发展的趋势特点，从浙江省加快建设“文化大省”、致力于建设创新型省份的要求出发，在《浙江省文化创意产业发展规划》中，采用“文化创意产业”的概念，意在同时强调产业在“文化”和“创意”两方面的特征，并将其定义为：以知识产权的形成和应用为载体，将具有一定文化内涵的创新创意，通过科技的支撑作用和市场化运作可以被产业化的活动的总和。

本著作是由王珉拟定写作提纲、要点，并组织写作。撰写者如下：王珉(第一章、第二章)、钱倩(第三章)、许名标(第四章)、龚晓嵘(第五章)、周刚(第六章)、吴媛(第七章)。在本书的编写过程中，笔者参考了国内外有关的文献和资料，并借鉴了其中的许多研究成果，在此对原作者表示衷心的感谢！本书以浙江省创意产业发展为依托，其中大量运用义乌市创意经典案例。在编写过程中，尽管作了很多努力和探索，但鉴于水平有限，错漏在所难免，敬请专家、同仁、广大读者不吝赐教！

王　珉

2012年4月

目　录

第一章　创意原理

案例与分析

创意的力量
——昆士兰旅游局:世界上最好的工作

澳大利亚大堡礁名闻遐迩,但随着海洋的升温及游客的增多,一度大堡礁的珊瑚虫濒临灭绝。经过一段时间的休养生息,大堡礁的生态环境得到了恢复,知名度却大不如从前。特别是拥有"大堡礁之星"美誉的哈密尔顿岛,因为受到金融危机的冲击,旅客量大减。对此,昆士兰旅游局策划了一起网络营销活动来推广旅游。

昆士兰旅游局于 2009 年 1 月 9 日面向全球发布招聘通知,并为此专门建立了一个名为"世界上最好的工作"的招聘网站(www.islandreefjob.com),招聘大堡礁看护人员。网站提供了多个国家的语言版本,短短几天便吸引了超过 30 万人前来访问,导致网站瘫痪,官方不得不增加数十台服务器。"世界上最好的工作"共吸引了全球 200 多个国家和地区的近 3.5 万人前来竞聘。据昆士兰旅游局介绍,整个活动花费了超过 7000 万美元的公关费用。

从营销的角度分析,这次营销推广成功之处表现在以下四个方面。

1.成功的概念造势

大堡礁是整个事件的主题,昆士兰旅游局成功地将它延展到大堡礁看护人员身上,再将看护人工作塑造成"世界上最好的工作"这个概念,这一概念在吸引受众眼球方面是无法比拟的。

2. 吸引眼球的逆势策划

面对金融危机席卷全球,大量工厂裁员,工人失业这样一个人心惶惶的局面,澳大利亚昆士兰旅游局恰当及时地推出以惬意的工作环境和工作内容,以及每小时 1400 美金的超高待遇,招聘所谓的"大堡礁看护人员",吸引了全球无数人的眼球,众多媒体更是为之疯狂激动,不惜用大量的版面进行免费的报道。

3. 造势凌厉的网络营销

昆士兰旅游局从一开始就建立了活动网站,"世界上最好的工作"所有重要环节都在网上展开。旅游局在全球各地办公室的员工则纷纷登录各自国家的论坛、社区发帖,让消息在网友中病毒式蔓延。

全世界任何人都可通过官方网站报名。申请者必须制作一个英文求职视频,介绍自己为什么是该职位的最佳人选,内容不多于1分钟,并将视频和一份需要简单填写的申请表上传至活动官方网站。这几乎不需要任何门槛,以自娱自乐的方式吸引了许多人参与。活动官方网站的合作伙伴是YouTube,借助YouTube在全球的巨大影响力,活动本身又得到了进一步的传播。

4. 高潮迭起的互动式营销

昆士兰旅游局充分利用网络的交互性使活动的影响力不断延伸。为了进行前期的网络造势,主办方设计了经过网络投票决出"外卡选手"环节,入选50强的选手会不断拉票,而同时关注活动的人会为心仪选手投票。在投票过程中,投票者要先输入邮箱地址,然后查收一份来自昆士兰旅游局的确认邮件,确认后再进行投票。在通过确认的过程中,参与投票的网民几乎都会好好浏览一下这个做工精美,实质上是旅游性质的网站——大堡礁的旖旎风光、万种风情马上就会让人心旷神怡。尤为重要的是,投票者的邮箱以后还会不定期收到来自大堡礁的问候。

第一节　创意的基本概念

一、创意的界定

我们通常所说的创意学是从创新的要求出发,通过创意思维和创意行为研究创意的涵义,功用,产生、发展规律的综合性学科,是一门新兴的边缘性交叉学科。

什么是创意?

毋庸置疑,创意是人类的一种创新思维活动,是在创新意识指导下的实践行为。也就是我们平常说的想一个"点子",出一个"主意",有一个"想法",等等。

我们认为,"创"字可解释为:"第一次做到;前所未有的;通过经营等活动而获取。"这一解释,涉及所有的创新、创造和创意,无一不是对旧的、经验的、已知的、传统的、习惯的和固有的东西突破之后而建立起来的一个新的价值系统。“意”即新的主意，包括点子、建议、构想、意义、意境、意思等。创意行为的核心即原创、首创和独创。

创意是人某一时刻的“突发奇想”，就是平凡的东西加上点不平凡的东西，让人觉得耳目一新。创意的本质是一种注意力经济，独特性＋销售力＋人性化是它的三大支点。我们可以对创意作如下定义：创意是创生新意，是新思想和现有事物的新组合。

也有人说，创意就是创新、创造(creation)，是与模仿、加工截然不同的，虽然不是绝对意义上的独创性，却是在原有事物基础上的突破和发展。中国曾被说成是“世界加工厂”，其实潜台词就是我们缺少创新和突破，只能做加工性质的工作。而现在中国大力推行的创新创意立国的观念，就意味着中国企业正逐渐从劳动密集型向创新创意密集型过渡。

创意是科学技术和艺术结合起来的创造。这种结合力量的出现，对于改变人们对科学的刻板、教条的认识，对认为科学只是无生命的、机械的、理性的、精确的、可以量化的旧认知是一次冲击。人们重新认识到科学中也包含了感性，包含了艺术的气质，包含了美学的内涵。创意就是融逻辑思维、形象思维、逆向思维、发散思维、系统思维、模糊思维等多元思维为一体，以人的综合知识体系、经验、直觉和灵感为基础，通过多种认知方式，综合运用现代手段和方法的创造性思维过程。

综合起来可以这样解释：创意从来就有，却是现代新兴的一门学科，是一门系统周密的、理论性强实践性更强的、现代性强未来性更强的学科，是一门在现代商业、经济实践中应用广泛并将被更为广泛应用的学科。它所涉及的领域涵盖物质运动规律方面和精神发展规律方面，既是动态的过程也是文化积淀运动的结果。创意发展本身是有其自身运动规律的。

二、创意与创新、创造的区分

创新、创造与创意这三个词语义相近，很难分辨。一般而言，这三个概念都是指通过人类的创造性劳动，产生一种前所未有的事物或思想。但是，这三个概念在外延上还是存在明显的区别。我们常常将创造与发明联系在一起，指人们在自然科学和工程技术领域“做出前所未有的事物”①。虽然创造一词也经常被引申到其他领域，但其核心含义仍然是指在科学技术上取得的新成果。至于创意，我们应理解为在社会文化领域的新观念、新思想、新设计，与人类的精神文化活动相互联系。尽管在很多情况下，创意也会借助某种物质载

① 《辞海》(第六版)，上海辞书出版社 2010 年版。

体表达出来，例如，新奇的服装设计，独特的产品造型，等等，但其满足的仍然是人类的一种精神文化需求，提供的是一种文化体验。创新涵盖了创造和创意的精髓，适用于各个领域。创新是一个使用频率极高的概念，比如，在经济学方面，按照当代西方经济学代表人物之一熊彼特（J. A. Joseph Alois Schumpeter）的观点，创新就是指"企业家对生产要素的新组合"，这包括：引进一种新产品，采用一种新生产方法，开辟一个新市场，获得一种原料或半成品的新供给来源，实行一种新组织形式。当然，创新并不等同于发明，一种发明只有应用于经济活动并获得成功时才能够称作是创新。由此不难看出，在经济学领域，创新更多的是指经济商务层面的创造性活动。

事实上，在日常语境中，上述的这三个概念常常被混淆。例如，单纯的技术发明有时也被称为创新，而一种有助于技术发明的新设想、新观点也被称为创意，等等。于是就有一部分学者主张将任何形式的具有创造性和创新性特征的产业都统统归结为创意产业，并由此认为在称谓上应该以外延更为宽广的"创意产业"替代原来的"文化创意产业"。笔者认为，这种泛化创意概念的做法对正确认识文化创意产业的内涵和特征势必造成十分不利的影响。至少在现阶段，将创意界定于社会文化领域，将它与科学技术领域的创造和经济商务领域的创新区别开来，这对于发现和研究文化创意产业的独特价值，推动和扶持文化创意产业的发展都是十分必要的。所以应该保留目前文化创意产业的称谓，用以突出创意的文化特征。

第二节　创意思维

我们都知道，知识经济时代的主导活动是创意文化活动，其核心是思维的创新创意。因此，认识、掌握和获得创造性思维能力是创意能否成功的关键因素。在创意的过程中，人们运用创造性思维提出了一个又一个的新观念，形成了一个又一个的新理论，做出了一个又一个的新发明，不断地丰富着人们的知识宝库，促进了社会的进步和人的全面发展。

其实，开辟现在和创造未来的关键就是开发和培养创造性思维，正是因为思维的创新、文化的创新、科学的创新，才开始了人类创造历史的新进程。

一、创意思维的概念

思维能力的提高是人类社会发展的前提，人类社会不断发展的过程、人们不断地认识和改造世界的过程，正是创意思维不断产生并不断地由思想变为现实的过程。

(一)思维与创意思维

伯尔尼 (Bourne)等人于1971年综合前人的研究,将思维从发生学的角度作了一个较为完整的描述:第一,思维是一个错综复杂的、多侧面的过程;第二,思维主要是一个内在的或内隐的(而且有可能是无行为表现的)过程,思维是在外化为行动之前预先存在的一系列隐蔽的心理活动;第三,思维是运用不直接存在的物体的符号表征来进行的,例如,利用记忆,思维就可以预测尚未发生的事件,也可以想象各种从未发生过的事件;第四,思维是行为的一个决定性因素,行为只是思维这一内在过程的产物。因此,产生和控制外显行为就是思维的基本作用所在。

《中国大百科全书》对“思维”是这样规定的:“思维有二义:广义上是相对于物质而与意识同义的范畴;狭义上是相对于感性认识而与理性认识同义的范畴。”① 从本质上来看,思维是人脑对客观现实间接的和概括的反映。它是通过语言实现的、能够揭示事物的本质特征及内部规律的理性认识过程。思维的形式是极其复杂的,表现出了各种各样的思维形式。创意思维是人类思维的高级形式,并具有双重含义,它不仅是一种高于其他思维之上的独立思维、超常规思维、创造性思维、综合性思维,还包括对一切旧思维进行革命性的改革和更新。创意思维是一种反映事物发展属性、内外在有机联系,具有新颖性的可以内在提升的高级思维心理活动。常规性思维只是一味地遵循现有的思路和方法进行思维,重复过去已经进行的思维过程,其所能解决的通常只是实践中重复出现的情况和问题,常规性思维的结论属于已有知识的范畴。而只有努力探索世界尚未认识的规律,解决实践中出现的新情况和新问题,为人类的实践活动开辟新领域的革命性思维,这才是创意思维。

(二)创意思维的功能

可以这么说,创意思维是人类社会产生和进化的前提,也是21世纪知识经济时代的前奏。恩格斯说过,“人的思维是这个世界上最美丽的花朵”。而我们要说,创意思维是人的思维之花上的花蕊,人的思维的精华就是创意思维。

1. 创意思维是创新能力的核心要素

从人的主体性来看,创新思维是人类主体能动性的最高体现。创新能力就是创意思维加上创造性实践。思维的创意是人类历史上所有新事物出现的开始,人们只有具备了良好的创意思维方法,才可以运用它去解决各种问题。我们看到的人类的每一个行为、每一种进步都是与自身的创意思维能力密切

① 《中国大百科全书·哲学卷》(第二卷),中国大百科全书出版社1987年版。

相关的。人们运用创意思维能力，从天然的森林大火想到保存火种，进而钻木取火；运用创意思维能力，人类首先在头脑中设计出了千万种自然界并不存在的东西，再运用创新能力把这些创意变成了现实，从那个野蛮的原始时代步入了现代化的知识经济时代，创造了一个人类为主导的新世界。由此看来，创意思维的力量就是人类历史进步的重要动因，不可忽视。

2.创意思维和创意人才是企业在市场经济竞争中获胜的关键要素

结合中国发展实际来说，市场经济的主旋律就是各种经济主体之间的创新性竞争。而正是因为企业之间的竞争，创意思维才更为人们所需要。从市场经济的发展过程看，企业竞争的重点在不断地转移，市场进入了全球化经济时期，企业产品在全球范围内流通，这就意味着企业面临着全球企业的竞争，竞争大大升级。企业如果没有居安思危的意识，今日的辉煌也许就会变成明日黄花，过去的"大鱼吃小鱼式"的竞争已让位于现在的"快鱼吃慢鱼式"的竞争。激烈竞争的现状使企业对人才有了更为深入的认识。人才分成两种：一种是技术型的人才，这种人才以能使企业获得局部效益或短、中期效益见长；另一种则是智囊型人才，这种人才则能使企业获得长期效益、整体效益，甚至对企业产生无法估量的价值。创意既是技术型人才也是智囊型人才的基本要求，创意人才逐渐成为市场竞争的热点。

3.创意思维是实现自身价值的主要途径

创意思维不是与生俱来的，需要人们在不断发展的实践当中努力寻求，在理论与实践的有机结合中不断探寻。离开了主体的努力，不可能获得创意，不可能实现创新。只有人们自己才是培养自身创意思维能力、提高自身创造性思维层次的真正主人。创意有大有小，在日常的各项工作中，也可以有各种不同形式、内容的创意。人们在事业上的新追求、新理想、新目标的不断产生和发展，在很大程度上，正是人们创新创意思维发展的结果。人们的生活内容是不断发展的，人们的需求层次同样也是不断提高的。当旧的需求满足了，就会产生新的需求；当低层次的需求满足了，便会产生高层次的需求。要满足人们不断增长的需求，实现人们对幸福的追求，就要靠创意思维和创意思维指导下的创新实践。社会的进步在于创意思维，个人自身价值的实现也在于创意思维。就像拿破仑所说："创新是力量、自由及幸福的源泉。"

二、创意思维方式训练

（一）想象与联想思维训练

丰富想象和联想思维是创意思维中必不可少的成分，它们是决定创新成功与否的重要条件之一。创意思维的训练首先要从想象和联想的训练入手。

在这里，我们以艺术创作为例。一位艺术家的想象力除了天赋之外，后天的训练也是至关重要的。因此，我们需要让艺术家积极地开动脑筋，针对艺术创作中的主旨、类型、手法、思想内涵、形式美感和色彩表现等方面，充分挥舞想象的翅膀，发挥创作的想象能力，不拘束于个别的经验和现实的界限，而让自己的思维遨游于无限的未知世界之中。爱因斯坦说："想象力比知识更重要，因为知识是有限的，而想象力概括着世界上的一切，推动着进步，并且是知识进化的源泉。"与科学一样，一件艺术作品要想具有永恒的生命力和感染力，想象力是不可或缺的。

在艺术创作中，我们在作画时较为注重视觉对象与周围环境关系的处理，这种知觉选择性与知觉对象的转化关系在现代视觉艺术中称为图（视觉对象）地（周围环境）反转。这是对视觉艺术家普遍进行的思维训练方法之一。最早研究图地转化关系的是鲁宾（Rubin），他的著名的"Rubin 之杯"（见图 1-1）画面中画着一只对称的白色杯，但如果仔细观察杯子的左右黑色部位，则发现是相对着的两人侧面像。随着视觉的转换，杯子和人的侧面像相互交替出现，形成特殊的画面。类似图形在视觉艺术作品中被广泛地应用。比如，我们在染织美术中见到过的"千鸟纹"，广告、装潢艺术中的各种画面等。图地反转变化的理论直观地强调了人们的感觉不是孤立存在的，而要受到周围环境的影响。因此，利用这个方法加以训练，有助于丰富艺术家的艺术想象力。在此基础上，就要求被训练者表达出与众不同、具有独创性的见解。这种训练是培养人们充分发挥艺术想象力而进行创作的必不可少的环节之一，尤其是在视觉艺术领域里。

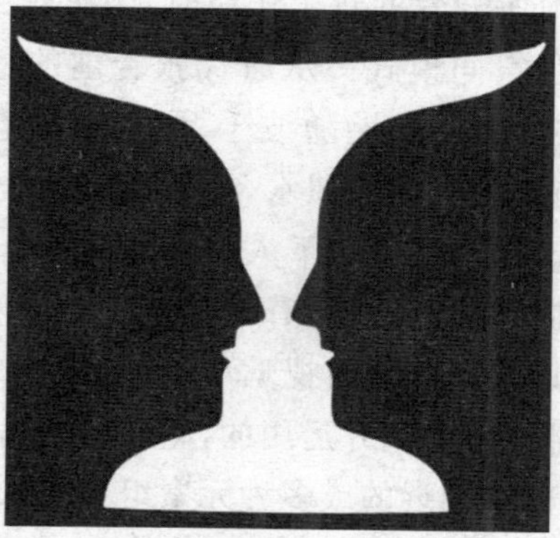

图 1-1

联想犹如一根纽带，将存在于人头脑中的记忆和想象联系在一起。由人对事物的记忆从而引发出思维的联想，记忆的片段再通过联想形式进行衔接，转换为新的想法，这些新的想法就是创新型想象。当然，人的记忆与思维在主动的、有意识的联想下能够得到积极而有效的促进。

联想和想象当然以印象或记忆为基础，没有印象和记忆，联想或想象都是无源之水，无本之木。但很明显，联想和想象，都不是印象或记忆的简单复制、如实复现。可以看出，在艺术创作的过程中，联想与想象是记忆乃至整个原有思想的提炼、升华、扩展和创造，而不是简单的重现。从这个过程中产生的一个设想可能产生另一个设想或更多的设想，这样设计创作出的新作品也就会源源不断。

同理，联想这个心理过程在各种各样艺术思维的想象中是必备要素之一。联想一般是通过赋予若干对象一种微妙的关系，从中展开想象而获得新的形象的心理过程。比如，人们在日常生活中对事物产生的美感形成了一种特有的印象，而对视觉形象的记忆又随着人的思维活动形成了知觉与感觉形象的联系。所以，当某个对象出现时，人们的大脑会立即兴奋起来，跟随它进行一系列的联想。例如，由"速度"这个概念，人们头脑中会呈现出呼啸而过的飞机、奔驰的列车、自由下落的重物等，随之还会产生"战争""爆炸""闪电""破碎"等一系列联想，这些联想引导着我们去体验它的力度、色彩和线条的组合。我们以图形创意训练为例，首先选取自然界中的一片树叶作为创作题材，再通过艺术家的观察、思考和一系列的联想，创作出众多别具特色的艺术造型。由叶产生形的联想，如小手、小花、小鸟和河流等；由叶的质感产生意的联想，如轻柔、飘逸、甜美、润泽和生命等。

一种特殊的心理感受通常可以通过艺术创作和艺术欣赏中的联想产生。当一个人在欣赏他所喜爱的音乐作品时，会感受到一种独特的氛围，从而联想到特定的色彩和空间模式。从唐代张若虚的《春江花月夜》"春江潮水连海平，海上明月共潮生。滟滟随波千万里，何处春江无月明"的唯美诗句中，我们可以联想到波涛汹涌的江水，一望无际的大海，清冷宁静的月夜，如梦如歌的乐曲和处于这种情景之下人的内心感受。艺术家往往能在艺术创作的过程中及时捕捉到快速闪现，有时甚至是模糊不清的联想形式，将它系列化和系统化并使其成为清晰的视觉形象。

联想并不是人人都能够发现并运用的，它既有依据具体形象进行直接的、相关的联想形式，也有概念相近的或多种元素组合起来进行联想的形式，有的甚至是看似毫不相干的几个因素通过中间因素的转折达到联想的目的，而实际上它们之间可能存在着某种内在的联系。因此，联想能力的获得需要大量的、系统的教育和训练。在国外一些艺术院校里，教授常常会给学生们出一些联想创作的练习题目，给学生数个看似毫无联系的概念，让其充分发挥想象和联想能力，把这几个概念有机地联系起来，用语言、画笔进行最佳的表现。这样的训练可以培养学生广泛联想的能力，使艺术思维的创造力能够得到最大限度的发挥。

(二)思维独创性的训练

不安于现状，不落于俗套，标新立异、独辟蹊径，这些都是创意思想者和艺术家们不懈的追求。在各种各样的艺术思维领域中，艺术的创作始终强调不断创新，在艺术的风格、内涵、形式、表现等诸多方面强调与众不同。标新立异是视觉艺术思维中一个十分独特的方法。当艺术家在创作中看到、听到、接触到某一事物的时候，尽可能地让自己的思绪打破藩篱向外拓展，让思维打破常规，找出与众不同的看法和思路，赋予其最新的性质和内涵，使作品从外在形式到内在意境都表现出作者独特的艺术境地。

何谓标新立异法？就是人们在各种思维中不顺从已有的思路，采取灵活多变的思维战术，多方位、跳跃式地从一个思维基点跳到另一个思维基点，从而获得新观念、新思想、新艺术的方法。

那些代表着一个个思维要素的基点遨游在思维的空间中获得创新的无限自由。例如，在视觉艺术创作中需要考虑风格、流派、色彩、图案、主题、材料或肌理等。多一个思维的基点，就多一条创新的思路，创意思想者要从众多的思路中寻找出最新、最优的方案。

任何艺术作品，如果没有独特的个性特征，则容易流于平淡、落入俗套，而标新立异的视觉艺术思维训练主要就是强调个性的展现。个性的表现其实就是艺术的生命力所在。清代书画家郑板桥是一位极富个性的艺术家，特别是他的水墨兰竹及板桥体的书法，与众不同，为世人所称道。他在书画创新方面有这样的诗句："删繁就简三秋树，领异标新二月花。"充分的个性表现属于个体及其对象，并且在于艺术创作的具体性、独特性和自由发展的意识。艺术创作的审美需求是不可重复的。

人们在心中建立起不同的审美形象，并以自己不同的思维形式独立地进行思考。正如让画家们面对同一对象进行创作，因为每个人都有自己独特的心灵感受和审美体验，所以绘制出的作品就会各有千秋、大相径庭。

在艺术领域，我们可通过视错觉和矛盾空间造型的训练方法获得标新立异的视觉艺术思维能力。在平常的艺术创作中，人们习惯于接受符合常规的视觉形象而忽视变异的方法，而艺术作品如果看上去总是一板一眼没有变化，反倒容易令人生厌。在平面设计中视错觉方法可以在一定程度上体现出与众不同的创作思想。视错觉又称错视，指在特定条件下，由于受到外界刺激而引起的感觉上的错觉。比如，我们坐在停着的火车上看到另一列刚刚开动的列车时，往往会误认为是自己所乘的列车开动了，这是人们感觉上的瞬间错觉现象。莱依尔(Lyer)错视图(见图1-2)中是两条等长的平行线段，在线段的两端各加上方向相反的引导线，将人的视觉向不同的方向引导，会使人产生上线长下线短的错觉。同样，原本是完全平行的两条直线(见图1-3)，分别用不同方向的线段进行分割交叉排列，由于重复排列的线条最终导致视觉引导力，使人产生了线条排列的方向错位感、不平行感甚至线段的弯曲感。艺术家在创作时可以尝试一下错视思维法，在人们看惯了的视觉形象中有意识地将局部进行错视处理，比如，图1-2和图1-3中利用线条的方向、线条的穿插，还可以利用图形大小的对比、图地反转以及无理图形等方法，使人产生非自然的视错觉，达到一种独特而又富于变化的艺术效果。

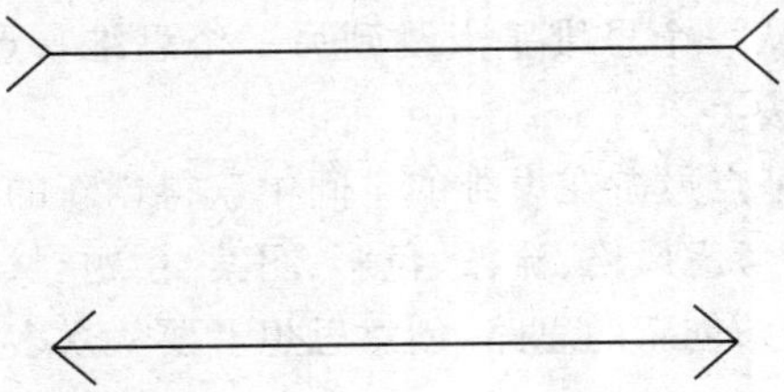

图 1-2

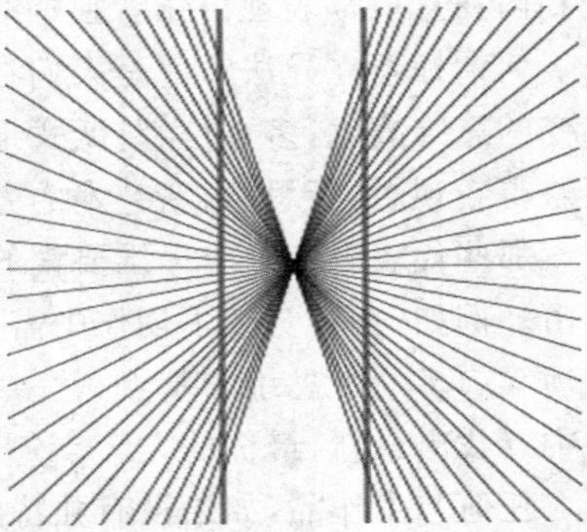

图 1-3

接下来要讲到它是更为复杂的形式之一，矛盾空间造型训练。矛盾空间是在平面空间中展现出的一种特殊的立体感幻觉空间。人们观察这种图形时，初看是完全合理的形象，经过仔细观看后却会发现许多不合理的矛盾空间形态。如边洛斯(Penrose)三角形(见图1-4)就是矛盾空间的典型作品。在艺术设计领域里，矛盾空间形式的应用是非常广泛的。矛盾空间造型训练的方法，能够培养艺术设计师在理性思考中具有趣味性、个性和标新立异的特点。

图 1-4

(三)思维广度与深度的训练

善于全面地看待问题是思维广度的基本要求。假设将问题置于一个立体空间内,我们可以围绕问题多角度、多途径、多层次、跨学科地进行全方位研究,因此有人称之为“立体思维”。这是一种非常有效的视觉艺术思维训练的方法,它让人们学会全面、立体地看问题,观察问题的各个层面,分析问题的各个环节,大胆设想,综合思考,有时还要作突破常规、超越时空的大胆构想,从而抓住重点,形成新的创作思路。

思维的广度在视觉艺术领域主要表现在取材、创意、造型、组合等各个方面的广泛性上。从广阔的宏观世界到神秘的微观世界,从东方与西方的文化交流到传统理念与现代意识的有效融合,都是我们进行视觉艺术创作所要涉及的内容。在现代视觉艺术设计中,思维的广度很重要。有时设计一件艺术作品,不仅要依靠艺术方面的知识来指导,还要得到其他学科诸多方面的支持。如进行环境艺术设计时,设计师不仅要有艺术素养,还需要有建筑学、数学、人体工程学、人文、历史、环境保护等多方面的知识。

考虑问题时,要深入客观事物的内部,抓住问题的关键、核心,即事物的本质部分进行由远到近、由表及里、层层递进、步步深入的思考,这是思维的深度。我们将这种思维方式形象地称为“层层剥笋”法。在视觉艺术思维过程中,思维的深度将直接关系到艺术创作的成败。

在进行艺术创作时,要善于透过现象看本质,客观、辩证地看问题,不为事物的表象所迷惑。这在视觉艺术思维中尤为突出。许多成功的艺术创作都说明了这一点。视觉艺术是以塑造形象从而达到审美愉悦为主要目的的,在形象的塑造过程中,不要只罗列现实中的一些表面现象,而要注重形象的精神面貌、意境表现。

我们要关注视觉艺术创作中思想内涵等多方面的表达。只有具有一定艺术深度的艺术作品,才能让观赏者回味无穷,产生共鸣,体味其中的艺术魅力。一般说来,如果一件艺术作品具有较高的思想性、较深的艺术内涵和较好的艺术表现力,则说明作者的思维已经达到一定的深度。

(四)思维流畅性与敏捷性的训练

思维在一定时间内向外“辐射”出来的数量和对外界刺激物作出反应的速度就是思维的流畅性和敏捷性。我们通常所说某人的思维流畅、敏捷,是指他对所遇到的问题在短时间内就有多种解决方法。比如,在最短的时间里对某事物的用途、状态等作出准确的判断,并提出最多的处理方法。

人的思维神经脉冲沿着神经纤维运行,据科研人员用现代化仪器测定,速度大约为每小时250公里。不同的人其思维的流畅性和敏捷性是有区别的。例如，人们在面对同样一个问题时，有的人想不出任何解决办法，有的人能作出十几种乃至几百种判断并迅速给出相应的处理方法。

思维的流畅性和敏捷性有着较大的发展潜力，是可以通过训练来提高的。如美国曾在大学生中进行“头脑风暴”联想法训练，其实质就是训练学生的思维以极快的速度对事物作出反应，以激发新颖独特的构思。在教师给出题目之后，学生将快速构思时涌现出的想法一一记载下来，要求数量多、点子好，最后再对这些构思进行分析判断。研究人员发现，受过这种训练的学生与没有受过训练的学生相比，思维的敏捷性大大提高，思维也更加活跃。

(五)求同思维与求异思维的训练

可以用一个形象的比喻来说明求同思维与求异思维。这两种思维就是以人的大脑为思维的中心点，思维模式从外部聚合到这个中心点，或从中心点向外发散出去。以此为基础，又引发出思维的方向性模式，就是思维的定向性、侧向性和逆向性发展。对于艺术的思维形式而言，这几个方面都是进行艺术创作过程中非常重要的因素。了解和掌握并有意识地进行这种思维方法的训练，有利于艺术家在现代艺术创作中充分开发艺术潜力，提高视觉艺术思维的效率和创作能力。

在艺术创作过程中，把所感知到的对象、搜集到的信息按照一定的标准“聚集”起来，探求它们的共性和本质特征，这就是求同思维。求同思维在运动过程中，最先表现出的是处于模糊状态的各种信息和素材，这些信息和素材可能是杂乱的、无秩序的，其特征也并不明显和突出。但随着思维活动的不断深入，创作主题思路逐渐清晰明确，各种素材或信息的共性逐渐显现出来，形成彼此相互依存、相互联系，具有共同特征的要素，焦点也逐渐地聚集于思维的中心，使创作的形式逐渐地完善起来。

以思维的中心点向外辐射扩散，产生多方向、多角度的捕捉创作灵感的触角，这就是求异思维。如果把人的大脑比喻为一棵茂盛的大树，人的思维、感受、想象等活动，促使“树枝”衍生，“树枝”越多，与其他“树枝”接触的机会就越多，产生的交叉点也就越多，并可以继续衍生新的“树枝”，结成新的突触。如此循环往复，每一个突触都可以产生变化，新的想法也就会层出不穷。人类的大脑在进行思维活动时，就是依照这种模式进行的。人们每接触到一件事、看到一个物体，都会产生印象和记忆，接触的事物越多，想象力越丰富，分析和解决问题的能力也就越强。这种思维形式通常不受常规思维定势的局限，综合创作的主题、内容、对象等多方面的因素，以此作为思维空间中一个个中心点，向外发散吸收诸如艺术风格、民族习俗、社会潮流等一切可能借鉴吸收的要素，将他们综合在自己的视觉艺术思维中。由此，求异思维法是视觉艺术思维的重要形式之一，是推动视觉艺术思维向深度和广度发展的动力。

在视觉艺术思维过程中，求同思维与求异思维是相辅相成的两个方面。在创作思维过程中，以求异思维法去搜集素材，自由联想，寻找灵感和契机，为创作创造多种条件。然后运用求同思维法对所得素材进行筛选、归纳、概括、判断，就会产生正确的创意和结论。然而，这个过程往往要经过多次反复，求异—求同—再求异—再求同，二者相互联系，相互渗透，相互转化，从而产生新的认识和思路。

(六)侧向思维与逆向思维的训练

侧向思维的方式在日常生活中是比较常见的。比如，人们在思考问题时“左思右想”，说话时“旁敲侧击”，这都是侧向思维的表现。在创作思维中，如果只是顺着某一思路思考，往往找不到最佳的感觉而始终不能进入最好的状态。这时可以让思维向左右发散，或作逆向推理，有时能得到意外的收获，从而促成创作思维的完善和成功。这种情况在艺术创作中非常普遍。达·芬奇(Da Vinci)创作《最后的晚餐》时，出卖基督的叛徒犹大的形象一直没有合适的构思，他按照正常的思路苦思冥想，始终没有找到理想的犹大原型，直到有一天修道院院长前来警告画家，再不动手就要扣他的酬金。达·芬奇本来就对这个院长的贪婪和丑恶感到憎恶，此刻看到他，达·芬奇转念一想何不以他作为犹大的原型呢？于是他立即动手把修道院院长画了下来，使得这幅不朽名作中的每个人都具有准确而鲜明的形象。在特定的情况下，侧向思维能够起到拓宽和启发创作思路的重要作用。

要想打破常规的思维方式，逆向思维是首选。按照常规的思路，作品往往会缺乏创造性，或是跟在别人后面“人云亦云”。当陷入思维的“黑洞”不能自拔时，不妨尝试一下逆向思维法，打破原有的思维定势，反其道而行之，开辟新的艺术境界。古希腊神殿中有一个同时向两面观看的两面神，无独有偶，中国的罗汉堂里也有个半张脸笑、半张脸哭的济公和尚。我们从这种形象中引申出“两面神思维”方法。依照辩证统一的规律，在进行视觉艺术思维时，可以在常规思路的基础上作逆向型的思维，将两种相反的事物结合起来，从中找出规律。当然，也可以按照对立统一的原理，置换主客观条件，使视觉艺术思维达到特殊的效果。

逆向思维也常常被用在平面设计的训练方法中。如埃夏尔(Escher)的作品《鸟变鱼》打破了思维定势，将天上飞的小鸟经过渐变的处理手法逐渐演变为河水，而白色的天空逐渐过渡为水里的游鱼，鸟和鱼是图地反转的关系，画面自然和谐，回味无穷。埃夏尔的另一幅作品《瀑布》在构思上也采用了逆向思维的方法，利用透视的错觉，形成了水渠与瀑布的一整套流动过程，并在看似正常的图形中将局部加以变化，造成一个不合理的矛盾空间，仔细分析后可以看出这个画面是违背常规的。

从古今中外服装艺术的发展历程中不难看出，时装流行的走向常常受到逆向思维的影响。当某一风格广为流行时，与之相反的风格即将兴起。如在某一时期或某种环境下，人们追求装饰华丽、造型夸张的服饰装扮，以豪华炫目的风格满足自己的审美心理。当这种风格充斥大街小巷时，人们又开始进行反思，试图从简约、朴实中体验一种清新自然的境界，进而形成新的流行风格。现代众多有创新意识的服装设计师往往运用逆向思维的方法进行艺术创作。“用另一只眼睛看世界”，超越常规，向你所接触的事物的相反方向看一看，遇事反过来想一想，在侧向—逆向—顺向之间多找些原因，多问些为什么，多几个反复，就会多一些创作思路。在艺术创作过程中，运用逆向思维方法，在人们的正常创意范畴之外反其道而行之，有时能够起到出其不意的独特艺术效果。

三、创意思维常用练习方法

下面以企业员工创意思维培养为例，罗列出一些培养方法。企业的管理者只要掌握其中的精髓，定能大大提高公司的竞争力。

（一）脑力激荡法

最为大家所熟悉的创意思维练习方法就是脑力激荡法（又称头脑风暴），该方法是由奥斯本（Osborn）于 1938 年所倡导，此法强调集体思考，着重互相激发思考，鼓励参加者在指定时间内，构想出大量的意念，并从中引发新颖的构思。脑力激荡法虽然多以团体方式进行，但也可在个人思考问题和探索解决方法时，运用此法激发思考。该法的基本原理是：只专心提出构思而不加以评价；不局限思考的空间，想出的主意越多越好。

（二）三三两两讨论法

此法可归纳为每两人或三人自由成组，在三分钟内，就讨论的主题，互相交流意见并分享。三分钟后，再回到团体中作汇报。

（三）六六讨论法

六六讨论法是指以脑力激荡法作基础的团体式讨论法。首先，将一个团体分为六人一组，只进行六分钟的小组讨论，每人一分钟。然后，再回到大团体中分享及作最终的评估。

(四)心智图法

这是一种刺激思维及帮助整合思想与信息的思考方法,也可说是一种观念图像化的思考策略。此法主要采用图志式的概念,用线条、图形、符号、颜色、文字、数字等各样方式,将意念和信息快速地摘要下来,成为一幅心智图。从结构上来看,该方法具备开放性及系统性的特点,让使用者能自由地激发扩散性思维,发挥联想力,又能有层次地将各类想法组织起来,以刺激大脑做出各方面的反应,从而得以发挥全脑思考的多元化功能。

(五)曼陀罗法

曼陀罗法是一种有助扩散性思维的思考策略,利用一幅类似九宫格似的图形,将主题写在中央,然后把由主题所引发的各种想法或联想写在其余的八个格子内,从多方面进行思考。

(六)分合法

分合法是戈登(Gordon)于1961年在《分合法:创造能力的发展》(*Synectics: the Development of Creativity*)一书中指出的一套团体问题解决的方法。此法主要将原不相同亦毫无关联的元素加以整合,产生新的意念。分合法是通过利用模拟与隐喻的作用,协助思考者分析问题以产生各种不同的观点。

(七)属性列举法

属性列举法是由克劳福(Crawford)在1954年提倡的一种著名的创意思维策略。此法强调使用者在创造的过程中观察和分析事物或问题的特征或属性,然后针对每项特征提出改良或改变的构想。

(八)希望点列举法

这是一种不断地提出“希望”“怎样才能做得更好”等的理想和愿望,进而探求解决问题和改善对策的技法。

(九)优点列举法

这是一种逐一列出事物优点,进而探求解决问题和改善对策的方法。

(十)缺点列举法

与优点列举法相反,这是一种不断地针对一项事物,检讨此一事物的各种缺点及缺漏,进而探求解决问题和改善对策的技法。

(十一)检核表法

检核表法是指在考虑某一个问题时,先制成一览表,对每项检核内容逐一进行检查，以免遗漏。企业可以利用此法来训练员工周密的思考能力，并且该法有助于构想出新的意念。

(十二)七何检讨法(5W2H 检讨法)

此法的优点在于提示讨论者从不同的层面去思考和解决问题。5W 指为何(Why)、何事(What)、何人(Who)、何时(When)、何地(Where)；2H 指如何(How)、何价(How Much)。

(十三)目录法

比较正式的名称是"强制关联法"，指在考虑解决某一问题时，一边翻阅资料性的目录，一边强迫性地把在眼前出现的信息和正在思考的主题联系起来，从中得到构想。

(十四)创意解难法

美国学者帕勒斯(Parne)于 1967 年提出"创意解难"的教学模式。该方法发展自脑力激荡法及其他思考策略，此模式重点在于解决问题的过程中，问题解决者应以有系统有步骤的方法，找出解决问题的方案。

四、如何发现与激发创意潜能？

创意使人渴望与追求，但它又是难以捉摸、难以酝酿的，构思的困难常常使人徒生空叹，而这正体现了创意的可贵。应该如何激发创意潜能呢？这一直是人类自古以来苦苦探索的奥秘。

何谓创意？创意就是对特定的人、事、物提出崭新的见解或发起行动：也许只是小小的改变，但可能颠覆传统，它的影响所及，或许只针对一个人本身，也可能扩及公司、行业、地区甚至整个世界及宇宙。"创意"来无影去无踪，捉摸不定，也许是灵光乍现，也许是长期酝酿，提出创意的人也许被视为傻子、精神病，也许被推崇为一代宗师，亦有可能被誉为千古奇才。由这两极化的反应更能突显出创意代表的"变"。从辩证法来看，"变"有变好及变坏两种结果，虽有风险，但能突破现状就代表有希望。自潘多拉揭开上帝赐予的盒子后，人类星球充满了危险，但也充满了希望，希望带领着人类不断进步。

(一)随时捕捉创意

人类大脑里经常飘浮着一些新的思想和创意，如果我们能将创意捕获，再将它深思熟虑后加以延伸，可以说就已经成功了一半，但是创意好似一缕若有似无的轻烟，随时随地都会出现。也许我们都有过类似的经验，在日常生活中对工作或其他事情，突有神来一笔的看法或意见，可能是在公车上，可能是在浴室里，亦有可能是在半梦半醒之间，但大部分都是转瞬即逝，再用力地思考，即使抓破了脑袋却再也想不出刚才的念头！要想捕捉创意成功的概率比别人高，那么就应该在创意常发生的时间、地点提前做好准备。

有些人在床边放了笔和纸，为的是随时记录在恍惚入睡前或起床时半清醒状态中所突然出现的创意。也许你也可以在自己的口袋，甚至浴室里准备一支笔和一张纸，有可能两三个月都用不着，但一有机会用上了，带给你的效益也许会超过你的想象。尝试改变既有模式与对话，可能时常会引人发噱，因为童言童语的回答可以说是另一种创意表现，它常会超出我们设定的答案范畴。

曾有过这样一个故事，有一对夫妻常年来的争吵模式就是两天热战后接下来是两到七天的冷战。有一次这对夫妻又发生了争执，当老公的实在怕透了这些过程，他终于决定改变，在冷战的第二天中午给老婆发了条短信，内容为“5257531”，五分钟后，老婆回了条短信，内容是“2121241”，并相邀共进了一顿丰盛的午餐，因为先生既然都“吾爱吾妻吾想你”(5257531)，老婆当然会“爱你爱你爱死你”(2121241)。人类的祖先若不是改变了地上生活模式，就不会有海上行舟的行为，更不会有发现美洲新大陆的壮举。所以说，只有尝试改变，有新的创意，才会拥有甜美的果实。

(二)在挑战中激发创意

大家都知道，一个皮球被拍得愈用力，跳得就愈高；两块石头互碰会产生火花。不拍皮球它就不会跳；石头没有撞击，火花亦无从产生。当一个人在面对压力或遭遇挫折的时候，产生创意的机会也就愈大。犹如伍子胥过昭关，一夜急白了头发，最终顺利地解除了危机，虽不是其主动想出，但也是压力下出现的结果。还有那诸葛孔明千古美谈的“空城计”，同样是在压力下创意成果的展现。

“失败—反省—改善”的动力所激发出的创意通常是有效的。故在此勉励大家，失败不必难过，也许更美好的结果在后面等着呈现胜利的光辉。

(三)最大限度聚集信息激发创意

俗话说“千里之行始于足下”，人们堆积、筑城皆由底部做起，小孩必先学爬再学坐，进而学走，而后跑跳自如。创造力同样也是如此。绝大部分的创意都是由自身熟悉的人、事、物发展出来的，猎人们就是因为熟知猎物出没的地点、时间及习性后才会在适当的地点、时间，运用创意设下陷阱捕获猎物，如此才能在此行业生存并成为翘楚。

以前人们一直是以贴纸条方式进行买屋、卖屋、租房子等这种简单的购买行为的，若无有心人的观察，国外资讯的吸收引进，开阔心胸的尝试接受态度，哪会有今日这么多的连锁房屋中介公司呢？当初最先在市场有此创意的人现在享受的资源，应是羡煞旁人，而当初的起源仅仅是来自一个“创意”而已。

脑筋越用越灵活，创意的产生有时是需要刺激的，我们前面提到过的“头脑风暴”就是运用各种方式刺激出多个点子，再由这些点子或意见延伸成为创意。

人有五觉（听觉、视觉、嗅觉、味觉、触觉），为什么我们不试着感觉，想想自己在何种状况下接受刺激比较容易得到创意。也许在一个舒适的环境，柔柔的音乐声中，加上一杯香醇咖啡，同时点上最近市场上比较走俏的香薰，利用各种香味刺激神经、生理系统，达到健康舒爽的目的，这或多或少也运用了刺激的原理，但毋庸置疑，香薰这种商品的出现，绝对是一个创意的展现。

综上所述，有心人要激发创意潜能绝非难事，但先决条件是必须要做到下列几点。

1. 自我放松

适度的放松是有必要的，处于紧绷的生理状态是不易接收到随兴而至的创意的，目前较流行的闭目冥想或者运动、休闲旅游，都是有利于创新创意产生的方式。

2. 不要自我设限

大家要谨记一点，世上没有不可能的事，故凡事不要先设定立场。例如，事先认为这个不可能或那个状况不会发生。如果凡事依循固定模式，预先设定立场与做法，虽不敢说创意绝对不会出现，但是其出现的概率会降低。

3. 勇于吸收，不故步自封

我们都知道，浸满液体的海绵，要再吸收一滴水相当困难，如能时时将自己视为干燥的海绵去吸收大量的资讯，撷取别人的长处，以外来的刺激为自身学养奠基。这样，你自然比其他人有更多发挥创意的机会，这也就代表了你比别人有更多成功的机会。

第三节　创意过程

一、创意的两项重要原则

(1)把原来的许多旧元素做新的组合，组合之“新”的原则。

(2)加强对事物间相互关系的了解，在各种关系的排列组合中产生“新”的东西。人们要在心智上养成探寻各事物之间新关系的习惯，这是产生创意中最为关键的。

二、产生创意的五个阶段

在这里以广告创意为例，具体说明产生创意的过程。整个创意过程大致可以划分为前后相互关联的五个阶段。

（一）收集原始资料

原始资料包括两个方面：一方面是摆在你眼前的问题所需的特定知识的资料；另一方面是你在日常生活中连续不断地累积储存的一般知识的资料。

那些与你现在遇到的问题有关的资料都称为特定资料。我们以产品销售为例，大家都在不停地诉说拥有对产品及消费者深入了解的重要性，而事实上却很少为此努力。然而，如果我们研究得够深够远，就能发现，几乎在每种产品和某些消费者之间，都有一些相关联的特性，这些特性可能导致创意。

值得重视的是，连续不断地收集一般资料与收集特定资料是同等重要的。每位真正具有广告创作力的人，几乎都具有以下两种重要的性格。

(1)没有什么题目是他们不感兴趣的。

(2)他们广泛浏览各门学科的知识。

广告中的创意，常常是有着生活与事件“一般知识”的人，将来自产品的“特定知识”加以重新整合的结果。这个过程与万花筒理论中所发生的组合相似。广告这个“万花筒”中的这类新组合是相当庞大的，而里面放置的玻璃片的数目越多，最终构成令人印象深刻之新组合的机会就越多。

如果说收集特定的资料是你面对特殊事务一开始就要做的工作的话，那么收集一般资料就是伴随你一生的工作了。

（二）仔细检查各种资料

我们可以把这个过程形象地看做一个内在的消化过程。对这些资料你要仔细加以咀嚼，正如你要对食物加以消化一样。你现在首先是要寻求事物间的相互关系，以便每件事物都能像拼图玩具那样，汇聚综合后成为一个适当的组合。创作人员在这一阶段通常给人的印象是“心不在焉，魂不守舍”。此时，会出现以下两种情况。

(1)少量不确定的或部分不完整的创意会被你得到。无论它们是如何的荒诞不经或支离破碎，把这些写在纸上。它们都是真正的创意即将到来的前兆。

(2)渐渐地，你会对这些拼图感到非常厌倦。不久之后，你似乎要达到一个绝望的阶段，在你的大脑里，每件事物都是一片混乱。

(三)有意识地进入深思熟虑阶段

你让许多重要的事物在有意识的心智之外去做综合的工作。在这一阶段,你要完全顺其自然,不要作任何努力。把你的主题全部放开,最好不要去想这个问题。有一件事你是可以去做的,那就是干点其他的,比如,听音乐、看电影、阅读诗歌或侦探小说,等等。在第一阶段,你收集"粮食"。在第二阶段,你要把它"嚼烂"。现在到了消化阶段,你要顺其自然——让"胃液"刺激其流动。

(四)实际产生创意

如果在上述的三个阶段当中,你的确尽到了责任,那么你就将进入第四阶段:突然间会出现创意!可能是由于某种偶然因素的激发,也可能根本没有任何充足的理由。或许它来的不是时候,这时你正在化妆,或是正在洗澡,或者最常出现于清晨的半醒半睡之间,或在夜半时分把你从梦中唤醒。这就是创意到来的情形,在你竭尽心力之后,休息与放松之时,它就那么突然地跃入了你的脑海。

(五)形成并发展创意

这是创意的最后阶段,真可谓黑暗过后的黎明。在这个阶段,你一定要把你可爱的"新生儿"带到现实世界中,让它能够符合实际情况,发挥作用。

你甚至还惊异地发现,好的创意似乎具有自我完善的本领。它会刺激那些看过它的人们对其加以改进,把你以前所忽视而又有价值的部分发掘出来并加以放大。

三、创意步骤

我们一直都在说,创意既是思维创新,也是行为创新。创意从本质上说应该是丰富多彩、灵活多变、无拘无束的。它不应该墨守某种成规或固定为某种模式。但为了使初学者可以快速领会创意过程,我们在这里还是以企业创意为例,归纳出若干步骤。

(一)明确创意目标

创意者必须弄清创意的本意,并从中提炼出主题,把有限的时间与协作者的智慧汇聚其中,避免产生歧义或南辕北辙。

(二)内外环境分析

企业的内外部环境是进行创意的依据,因而要对环境进行透彻的分析,以引发出合乎环境的正确创意。

我们通常所说的企业外部环境包括政治环境、社会环境、经济环境、文化环境等，内部环境包括生产状况、经营状况、管理状况等。

（三）开发创意所需信息

创意者要想获取并开发信息，需要对企业提供的资料和亲自深入企业各方面所取得的第一手资料进行认真分析。在开发信息过程中要借助电脑与人脑的合作，借助电脑对信息的量化分析和人脑对企业现实的感性分析进行整理加工，去粗取精，去伪存真，在反复的调研、探究、切磋的过程中，创意者不仅对情况了如指掌，而且产生了强烈的创意冲动，这时就可进入下一步骤。

（四）努力产生创意

创意既是灵感闪现的过程，也是一种可以组织，并需要组织的系统工作。引发创意一般要具备以下 11 个条件。

(1)灵敏的反应能力。

(2)卓著的目标感觉。

(3)充分的情报信息量。

(4)清晰的系统概念和思路。

(5)娴熟的战略构思和较强的控制能力。

(6)高度的抽象化提炼能力。

(7)敏锐的关联性反应能力。

(8)丰富的想象力。

(9)广博的阅历。

(10)多方位思考问题的灵活性。

(11)同时进行多项工作的能力。

（五）制作创意文案

创意文案也可称为创意报告，一般分为以下几个部分。

(1)文案名称。名称要简洁明了、标新立异、蕴涵深远、画龙点睛。

(2)创意者。说明创意人所在的单位及主创人情况。注意着重体现创意者的名气与信誉，使人产生信赖感。

(3)创意的目标。突出创意的独创性和适用性，目标概述的用语力求准确、肯定，避免概念不清和含糊的表达。

(4)创意的内容。说明创意者的创意依据，对创意内容的陈述，创意者赋予的内涵及创意的表现特色。

(5)创意费用核算。列表说明创意计划实施所需的各项费用及可能的效益，以及围绕效益进行的可行性分析。

(6)参考资料。列出完成创意的主要参考资料。

(7)备注。说明创意实施要注意的事项。

(六)总结

创意文案付诸实施后的半年或一年内要进行归纳总结，对执行文案前后的资料进行对比分析，以总结经验，汲取教训。

四、创意过程的意义

我们这里提出的“创意过程”是一个极富内涵的概念，把创意看成是一个过程，就意味着它是自然运动和社会运动以及思维运动在时间上的持续性和空间上的广延性；它是矛盾存在和发展的统一体。我们从过程认识创意，就是要认识创意产生的来龙去脉，把握创意过程的发展规律。创意，作为一种复杂的思维过程，它起源于自觉的有意识的思考，不仅仅是搜索、接受和重组必要的信息，提出各种可能的方案，而且，它还会有一个孕育阶段，即在意识和潜意识中进一步思考和酝酿各种信息重新结合的可能性，最后通常都是由于受到某个因素的启发，以灵感的方式突然出现，瞬间完成整个思维过程，这样也就产生了创意。

第四节　创意主体

毋庸置疑，创意的主体是人，人们从事创意实践的过程，其实就是一个与环境交换信息和创造出新的信息的过程，这个过程中思维起着不可替代的作用。正是因为思维的重要性，国外有许多专家专门从事对人进行思维技能的训练。在英国、美国、日本等发达国家，大量的学校均开设了思维技能的课程或讲座。我国对思维科学的研究也是由来已久，不少著名的科学家均涉足这方面的研究。如今，随着社会的快速发展，科学技术水平不断提高，创意学作为一门新兴的学科，生机勃勃，蒸蒸日上，充满着活力和魅力，它在市场经济中的地位也因此显得更加突出，遍布经济生活和文化生活的各个角落。

一、创意思想者的概念

(一)创意思想者与创意思维

创意思想者就是创意的主体，究竟如何理解创意思想者的概念呢？本节我们在前面提到的创意思维理论论述的基础上，从一个全新的角度进一步界定创意的内涵，重点探讨创意思维在人脑中的生成，最终揭示出创意思想者的概念内涵。

1. 创意内涵再探讨

人们对于"创意"一词是汉语词汇还是外来语，有着不同的看法。有学者考查到"创意"是一个古老的汉语词汇，早在公元1世纪东汉王充写的《论衡》一书中就已出现过，其意义是指写文章要有新意。但在以后的作品中，却很少有人用"创意"一词，可见"创意"没有形成一个固定的词汇广泛地流行开来。在1989年出版的《辞海》中仍然查不到"创意"这个词汇。由此可以推断出"创意"成为固定词汇、术语是近年来的事。也有人认为，"创意"是从国外引进的术语。但是，我们从"创意"一词的多种英文表达可以证实的一点是：在英文中"创意"并没有形成统一的、被广泛使用的专用名词。据调查，以下三个词都可以被译为"创意"。第一，creative，其英文原意是创意性的、创意力的，现在又常常被人们引申为"创意"，例如"creative strategy"一词常被译为"创意策略"。第二，creativity，它的英文原意为创造能力，有时被人译为"创意"。第三，idea，它的英文原意是思想、主意、念头、计划、打算等。这三个是"创意"最普遍、最有代表性的英文词汇。它们出自著名广告大师詹姆士·韦伯·扬(James Webb Young)的广告名著 *A Technique for Producing Ideas*，此书被译为《产生创意的方法》。由此，idea作为创意一词被普遍认同并被广泛使用开来。通过对"创意"词源的考查，我们可以更加深刻地理解创意的内涵——创造出前所未有的新意。创新意见、创新意义都是"创意"，这一概念包含多层含义，它最基本的含义是指创造性的想法，一个好点子，一种从未有过的东西。它既是一个凝固的静态概念，又是一个变化的动态过程。静态的"创意"是指创意性的意念、巧妙的构思，即我们常说的"好点子、好主意"。动态的"创意"是指创意性的思维，是"从无到有""从旧到新"的这一逻辑思想的产生过程。

2. 创意思维及其在人脑中的形成

我们对人类创意思维活动有广义与狭义的区分。广义的创意思维认为：对某一具体的思维主体而言，具有新颖独特意义的任何思维，都可称为创意思维。它既可表现在科学史的重大发明之中，也可存在于处理日常某个问题的思维活动之中。狭义的创意思维是指在人类认识史上首次产生的、前所未有的、具有重大社会意义的高级思维活动。还有一种更为狭义的说法是把创意思维基本上等同于有创造力的直觉、灵感和发散性思维，许多人认为只有这几种思维活动才具有创新性。

广义的创意思维是狭义的创意思维的基础，广义层面的理解和狭义层面的理解，都有着它的限定性，在某种限定性之内，它们的理解都是准确的，都有着很好的研究基础、现实意义和理论价值。历史经验表明，善于运用创意思维，往往会获得实践上的成功。世间一切科学、经济、军事、艺术的奇迹或成就，无不闪耀着创意思维的神奇光辉。在市场经济与新型文化日益繁盛的现代，创意思维必将更加活跃。

众所周知，人脑是思维的物质器官和载体，是世界上最高级、最复杂的物质。创意思维和一切精神性活动一样，究其本质就是人脑的机能活动，即创意思维是直接在人脑生理活动的基础上形成的。正是因为人脑是一个极其复杂的生理系统，所以探讨人的创意思维，就不得不涉及对人脑生理结构的分析。但是直到今天，人们对人脑这种在结构上最复杂有序、功能上最奇妙精巧的高级系统，虽然逐渐已有所认识，但是在很大程度上仍然是一个谜，将其称为"黑箱"，甚至远未达到"灰箱"的程度。关于人脑的许多微妙的组织结构、调控机能和活动规律，等等，我们还知之甚少。正如钱学森所指出的，要从研究人脑功能入手来阐明人的思维规律，还要走很长的路。创意思维是在人的大脑中进行的，是一种极其复杂的生理现象。一般我们认为创意思维是大脑皮层在原有刺激物的作用下留下的痕迹的重新筛选、组合、搭配和接通，从而形成新的联系的过程。旧的联系简单恢复并不能组合出新的思维观念或信息；产生新的信息必须有过去从未有过的新神经组合，即在人的创意思维中各种神经细胞以全新的、过去没有联系过的方式组合起来。

(二)创意思想者的界定

现在对创意思想者还没有一个统一的标准，也没有一个明确的定义，但可以肯定的一点是，只要有思维能力的人都可以进行创意。所以，从广义上讲，创意思想者就是指提出富有创造性设想的人。从狭义上讲，创意思想者是指专门从事创意活动，以创意为职业的人。例如，在咨询公司、策划工作室、广告公司等组织中进行策划研究、策划工作的人们。

随着社会主义市场经济的建立，及文化产业、文化市场的巨大发展，创意工作已逐渐从某些行业中独立出来，形成一种特殊行业，职业创意人也相继出现。这对社会的发展、人类的进步将更加有利。创意将被更广泛地推广，不断被利用，发挥更大的影响力。创意是无法垄断的，更不是少数人的专利，每个人都可成为创意思维的主体。每个人只要努力，都可以成为一名合格的创意思想者，甚至成为卓越的职业创意人。

综上所述，所谓创意思想者，就是在社会生产活动中，在不断地认识世界、改造世界的过程中，运用思维，提供新奇的、独创的、具有社会意义的产物或活动的社会成员。

二、创意思想者的特性

真正意义上的创意思想者，是指以自主知识产权为核心、以“头脑”服务为特征、以专业或特殊技能为手段的精英人才，他们对产业有透彻的了解，能够结合实际并不断创新。他们不仅拥有对专业本身的掌握能力，而且拥有对社会文化较为深入的理解能力。创意思想者通常具有以下特征。

(一)思维活跃、想象丰富

头脑灵活、想象丰富是创意思想者最显著的特征。《简明大不列颠百科全书》对创意人才的描述是:“与常人相比，他们有时显得很幼稚，有时则很文雅；有时有破坏性，有时则很有建设性；有时更疯狂，有时更理智……”这种描述不一定适合每一个创意人才，但能基本阐述创意人才的群体特征。① 他们独立思考，自信，自主能力强；争强好胜，感情外露；兴趣广泛，特别表现在乐于寻求竞争性的合作，去应付各种形式的困难和挑战。创意人才具备实现自我价值的强烈愿望，并具有强烈的个性，他们很难满足于一般的事务性工作，更热衷于具有挑战性、创造性的任务，追求完美的结果，渴望展现个人才智，实现自我价值。创意人才不仅才智突出，精通专业，而且具有极富个性的思维与行为方式。

(二)富于创新、勇于挑战

创意思想者必须有鲜明的挑战与冒险精神，这是因为创意往往是要走前人未走的路。曾有人对世界 100 位最重要的人物作过调查，他们“几乎是在积极地寻求挑战中成长的”。

创意思想者从不循规蹈矩、墨守成规，他们的创意来源于对常规的突破，因此，他们善于创新、敢于创新。他们知道，只有敢于创新才有可能创意。他们具有强烈的创意冲动，不但善于冲破旧的发展观念，颠覆旧的要素组合方式，而且善于创造新的理念，重新组合各种要素，生发出比过去大得多的生产力。这些人通常都有独立的见解，能够打破陈旧的精神状态。一个具有创造性的人勇于承担风险，他们尊重创新，经常有思想碰撞，并让这种“头脑风暴”去催动创意的风帆。他们依赖灵活高效的创意产业，迅速地实现科技和文化成果的市场转化，社会和市场对他们的反响越热烈，他们的创意活力就越旺盛。

---

① 喻丽君:《浙江高校创意产业人才的培养现状与对策》,《高教与经济》2011 年第 2 期。

(三)审美力强、艺术感好

创意总是充满着诗意,创意人才的重要特征之一就是对美的追求。其实创意和美有不解之缘,创意者对他们的工作有强烈的"美感"要求,他们都追求"全面的、优雅的"解决方案。他们思考和表达的严密性和最终产品的优雅性有直接关系。可以说,美学是一种高层次的创意科学,创意学和美学的结合可以把两门学科的发展推向一个崭新的阶段。艺术学、美术学等学科的发展,显示了这一方向的强大生命力。有意识培养和自觉提高审美力正在成为普遍趋势。

(四)全神贯注、专心致志

创意的关键就是专心致志。创意者一旦进入创新、创造的境界和状态,便无所顾忌,全身心都投入进去,常常忘了世界、忘了时间、忘了自己,以达到苦心孤诣、如醉如痴的境界。正如创意学家贝利(Pele)所说:"事实上任何领域的发明创意,在解决创意性任务时都需要全神贯注,不集中精力,创意者就无法取得有用的成果。"

(五)坚韧不拔、锲而不舍

坚韧不拔、锲而不舍、长期拼搏、百折不屈的精神在创意中显得尤为重要。一位创意学家说:"要想取得有历史价值的创意业绩,花费十年岁月绝不算长。如果在十年中没有适应环境及闯过障碍的热情、气质和执著的追求,是干不出大事业的。"

(六)兴趣广泛、求知欲旺

创意者要有广博的求知欲和多学科的知识,这是由创意具有高度的综合性、跨学科性来决定的。因此,大多数创意性人才的兴趣十分广泛,善于运用"他山之石"攻创意之"玉",出其不意地解决创意难题。

(七)自由想象、独辟蹊径

想象的自由、思考的自由和行动的自由对创意者来说尤为珍贵。这种自由越大,创意成果就越丰硕。巴伦(Baran)指出:"以不平常或独特的方式作出回答的能力随自由的增加而增加。"创意思维一般具有超前性,因此应当鼓励创意思想者大胆探索,独辟蹊径。

(八)豁达幽默、坦然乐观

创意者通常胸怀创意大目标,关心创意格局,注重净化心灵,摆脱俗气,他们很少会在生活小事和物质追求上斤斤计较。他们喜欢抓住事物的本质和根本,不被眼前的琐事弄得眼花缭乱,也不会对经常出现的枝节问题患得患失。他们豁达大度，不拘小节，有丰富的幽默感。既不会因别人的诋毁诽谤而悲观丧气，也不会因自己的挫败而气馁，更不会因一时的成功而得意忘形。幽默感是灵活思维的兴奋剂和调节器，常与灵感形影相随，保证创意之路的畅通。当然，幽默感又是抚慰心灵的镇静剂，使人保持一种坦然的乐观心境。总之，丰富的幽默感标志着一种内在心灵的自由，有了这种自由，就会有成功的创意。

（九）年富力强、活力回射

创意充满朝气，创意需要活力。创意人与传统产业从业人员相比，总体上相对较年轻。一方面，文化创意产业在我国刚刚起步，正处于上升阶段，其展现的活力和生机更多地吸引年轻人；另一方面，创意人一般都有独立自主、自由的要求，不愿意接受过多条条框框的束缚，对宽松自在和公平竞争的工作环境的需求强烈，这符合年轻人的特征。一般而言，在创意企业中，创意设计及推广部门员工的平均年龄只有二十五六岁。这些人做的设计方案非常出色，拥有很强的创新色彩。这些年轻人的创意和创新正是给企业增加生命力和活力的关键。

（十）流动频繁、组织松散

创意需要刺激，创意需要自由。创意人才具有较大的工作流动性，主要是因为创意产业的门类复杂繁多，各个门类之间既相互区别又相互交融、共生。一方面，创意产业一般是以创意项目为载体，以创意团队为核心的新型组织形式。生产组织形式表现为松散的个体劳动和简单的集体协作，该领域的从业人员大多属于自由职业者，一般不从属于某个固定的经济体，经常会去寻求更大的发展空间，这就决定了创意人的高流动性。① 另一方面，知识更新周期的缩短，促进了创意人流动的加快。由于创意人比较年轻，头脑灵活，追求自我增值的动机使其具有较高的流动意愿，而创意产业在发展上升阶段也给从业人员提供了巨大的机遇。因此创意人才一般不会固守在某个工作岗位，这也就决定了他们与企业的工作关系是暂时的、松散的。由于世界经济发展不平衡，导致许多发展中国家人才流向发达国家，创意人才移民比重增长迅速，导致近几年来人才流动失衡。②

---

① 喻丽君：《浙江高校创意产业人才的培养现状与对策》，《高教与经济》2011 年第 2 期。

② 杨燕英、张相林：《我国文化产业创意人才的素质特征与开发》，《中国广播电视学刊》2010 年第 9 期。

(十一)价值独特、追求愉悦

创意人工作,是希望寻求一个能发挥专业特长、成就事业、实现自我人生价值的平台,并不仅仅是为了单纯的薪资报酬。创造利润不是他们的目标,追求创造利润过程中的愉悦和成就感是他们最在乎的。他们往往更看重成就激励和精神激励,而把金钱、职位等物质激励放在次要的位置,工作所获得的成就感是对他们最好的激励。不仅如此,由于对自我价值的高度重视,创意人格外看重他人、组织及社会对其的评价,并强烈希望得到社会的认可。①

① 喻丽君:《浙江高校创意产业人才的培养现状与对策》,《高教与经济》2011 年第 2 期。

第二章 创意文化学

案例与分析

Loft的产生和发展

Loft英文原意为阁楼或高大的空间建筑。20世纪40年代，纽约的艺术家与设计师们为了逃避在市区内工作生活的限制和高昂的租金，在曼哈顿的西南端，利用废弃的工业厂房，对其进行充满创意的改造，使那些旧厂房、旧仓库奇迹般地变成了颇具情趣的居室、工作室、办公室、舞蹈室、画廊、电影制作室等。新生活工作模式的典范引起了极大的反响，人们争相前往参观考察。

到了20世纪70年代，Loft理念传到欧洲，随之逐渐被这块古老的大陆所理解和接受，并出现在所有的大城市和很多偏远的小镇。后来被称为"苏荷"区，即"Soho"。

Loft的产生是自由意识的表现形式，更是对过去大工业时期工厂、仓库等不分隔楼面的建筑风格的一种继承。同时，Loft也是对传统文化产业运营模式的创新。发展到今天，Loft的发展模式是如此的成功，以至于Loft几乎成为了创意产业的代名词。

Loft的出现为旧城市建设与改造提供了新的渠道。

比如，第二次世界大战后柏林面临着大工业发展的前景，并且经过10年之久的政治拉锯战以及两个德国之间的分裂孤立后，重新走向统一。今天，40年的分裂所留下的城市遗迹随处可见；大工业时期占地几十公顷的旧工厂、发电水塔、多功能历史展览厅以及背街房屋和车间，这些值得保存下来的工业和历史建筑如今都必须进行再利用。

Loft为城市的新生提供了新的方式，如今这个"崭新的柏林"已发展成为媒体和新经济中心城市。不仅限于艺术家、设计师、媒体工作者、建筑师，以前那些带有暴露的钢架和简陋家具的多功能厂房中，如今居住着那些从不受任何人约束的个人主义者们。闲置、背街的房屋和庭院带有"克罗依兹贝格区混合体”的爆发力，为那些赞同“回家工作吧”这句格言的人们提供了一个理想的发挥场所。

Loft是一个全球化的趋势，并最终可能成为一种主流的文化意识，柏林的Loft文化已经发展成为一种政府行为，给了我们很多启示。从另一方面来看，Loft发展模式是当代艺术、建筑空间、文化产业与历史文脉及城市生活环境的有机结合。Loft的出现为传统文化提供了宝贵的空间。

一部分当代艺术，如绘画艺术，对空间需求具有一定的特性。空间不仅要足够大，而且要足够便宜，同时由于其产品的独立性、辅助服务的共享性又刺激了产业集聚的形成。艺术家的私生活经常被工作所侵占，业余时间常被任意地占用，无论是工作室还是休息室需要体现出一种舒适感和放松感。

在Loft的空间里，人们可以摆放一张4米长的桌子，高高的墙壁足以悬挂大幅图画，租金非常便宜。艺术家们不要那种设有摆放物架子的庸俗前厅，不要进行不必要的空间分区；相反，最好有红砖铺地，以及高高的墙壁和天花板，要处处体现轻松惬意、自由放松与无拘无束。

在意识形态统治的今天，各种主义争先恐后地绽放着自己的光芒：古典主义、新古典主义、现代主义、后现代主义、极多主义、极少主义以及结构主义和超现实主义，等等，这些在Loft里也得到了体现。

Loft的出现为区域经济的发展更为区域文化的复兴作出了突出的贡献。

在20世纪50年代末，第一批画家到纽约的休南区定居之前，那里还是工业区，主要包括玩具厂和废纸加工厂。今天休南区成了时尚的代名词，是艺术展馆、艺术家阁楼、时尚精品店的集聚地，并不断扩展，对当地的经济发展作出了重要的贡献。

我国的Loft文化启蒙于20世纪下半叶，具有代表性的首推北京的798厂和上海、深圳的几个Soho区，可以说，这是Loft文化在中国的起步。北京的大山子798厂区，所沿承下来的是典型的德国包豪斯风格，简练朴实，讲求功能，巨大的现浇结构和明亮的天窗为其他建筑所少见。大批的设计家、艺术家和一些艺术先锋者聚居在此，798厂不仅成为了北京典型的Loft文化的集散地，在国际上也产生了一定的影响。798厂从原来的工业制造基地变成了更适合城市定位和发展趋势的、无污染、低能耗、高知识含量的新型创意产业基地。

上海的卢湾区泰康路视觉创意设计基地，目前已进驻了10多个国家和地区的近百家视觉创意设计机构，并形成了一定的视觉创意设计产业规模。位于普陀区苏州河边的莫干山路50号，入驻了来自瑞士、法国、意大利和香港等国家和地区的50多家画廊和艺术家工作室。

从“制造工厂”到“创意工厂”，Loft模式产业化进程还有很长的路要走。

在研究Loft发展模式的过程中，我们发现这种国际现代艺术空间具有自我毁灭的特性。如纽约的休南区，在经历了从贫困区到经济效益快速增长、社会效益显著改善的时尚区后，不仅吸引了各类的艺术机构、文化传媒机构、旅行团体，中产阶级也被吸引至此，以前供艺术家们交流的廉价酒吧被排挤出去，高昂的地价连一些经营得较为成功的艺术馆都难以承受。艺术家纷纷逃离，寻找下一个廉价而又能引发创作激情的空间，这个Loft空间也成为综合的娱乐休闲空间，而不仅仅是“创意工厂”。

这一过程在其他城市也曾多次发生，如洛杉矶的威尼斯地区，旧金山的索马区，等等。无独有偶，在中国的大城市，Loft正在迅速崛起，并初具规模，但也不可避免地存在这种困境，几乎所有的Loft产业基地，都面临着或曾经面临着拆迁问题。如北京的798厂现在就面临地价飞快增长，周边工业园区空间挤压的困境，在保留和拆迁问题上一直成为争论的焦点。

第一节 创意因子与创意元素

一、创意因子

(一)从促销活动看创意五因子①

目前国内各大城市商场常见的促销手段无非就是路演、套餐、返券、买赠、抽奖、积分、特价……这些手法无趣又乏味，最终导致促销越来越频繁，促销活动越来越疯狂，促销费用越来越高，促销效果却越来越风光不再。

促销的目的是为了提升销售业绩，但实际的情况却是，消费者面对这些屡见不鲜、同质化的促销手法，心里想的可能只是“羊毛出在羊身上”，然后产生了弹性疲乏，选购商品时“该买啥还买啥，该干吗还干吗”。换句话说，一成不变的手法已经让企业促销陷入了难以自拔的“红海”。

面对现在产品同质化越来越严重、促销手段越来越相似、品牌间隔越来越不清晰的情况，市场促销已经不再是小打小闹就能获胜的把戏，应该提升为一场富有创意性的战略游戏。

1. 创意五因子

创益、创异、创议、创艺、创忆统称为“创意五因子”。

---

① 黄泰元：《促销活动的创意五因子》，[2007-12-05]. http://www.21food.cn/html/news/12/243274.htm.

“创益”是指展示产品或促销提供给消费者的“利益点”;“创异”是体现差异化竞争;“创议”是力争使促销活动成为争议的热点和舆论的焦点;“创艺”就是表现手法要艺术化;“创忆”则是使促销活动能够持续在消费者中产生影响。这些都是进行促销主题创意的很好途径,值得企业借鉴。下面,我们引进几个创意促销的成功案例,让大家更好地体验创意五因子的深刻含义。

(1)中国:可口可乐与《魔兽世界》的联合促销。

很好地诠释了促销活动这五个因子的案例就是可口可乐与《魔兽世界》的联合促销活动。可口可乐和魔兽世界在目标消费者上有很大程度的重叠,都是面对年轻的消费者。两种产品的结合营销的确是一种真正意义上的创新,并且也会得到利益上的双赢。《魔兽世界》借助可口可乐获得更多宣传机会,可口可乐通过《魔兽世界》游戏的普及,加大了品牌在网吧等新兴销售渠道的影响力,结合新兴的网络平台,以创新的方式与年轻人进行有效的沟通和联络,提升了品牌在年轻人心中的地位。

可口可乐在整个促销活动中,赞助《魔兽世界》主题网吧、在网吧建立和推广以“iCoke”为主题的生动化陈列活动、赠送游戏点卡、推出S. H. E变身网游人物大战兽人广告等。这些活动有着极强的针对性,差异化十足,环环相扣,整个促销活动已经上升为一项科学严密的战略游戏。

在活动期间,正好偶遇广电总局禁播网游电视广告,一时众多批评《魔兽世界》借助可口可乐登陆禁区的争议四起,然而这种“创议”更是为这次联合促销活动吸引了更多的眼球。

(2)英国:性感时尚的胡萝卜。

可能大家还不了解,在全球的“讨厌食物排行榜”中,胡萝卜是名列前茅,原因是虽然每个人都知道胡萝卜有益眼睛健康,但很多人受不了它特殊的味道。这样一种让人讨厌的蔬菜,要怎么样营销才能大卖?

为解决胡萝卜滞销的问题,英国政府在伦敦发动了一场胡萝卜促销大战。如何让胡萝卜变成抢手货?关键是挑起民众的购买欲,让民众认识到“胡萝卜不只有益你的眼睛健康”。在策划人的刻意包装下,胡萝卜摇身一变,竟然成为性感时尚的流行象征。

首先,邀请许多靓丽时尚的明星,把头发全都染成了胡萝卜的橘红色,吸引大众眼球,这作为促销的第一步非常成功。第二步在伦敦街头张贴许多美女猛男的养眼照片,照片中人物的身体重点位置都被胡萝卜给遮住,让人恨不得赶快把胡萝卜吃掉,好好看个仔细。

第一波的热炒非同凡响,立刻一股胡萝卜热开始弥漫伦敦。高级餐厅开始推出胡萝卜菲力牛排,搭一杯甜酒就可以消除胡萝卜的腥味。一般餐厅则大打广告:“性感的胡萝卜,做色拉最棒!”伦敦街头也开始出现胡萝卜口味的冰淇淋。

一连串生动而有趣的创意促销攻势,让伦敦市民重新认识了胡萝卜,接受了胡萝卜,不仅解决了滞销的问题,还让胡萝卜成为时尚、健康、流行的代名词。现在伦敦街头,最新的流行用语或许已经变成:“健康的胡萝卜,今天你吃了没有?”

(3)中国台湾:让水果翱翔在蓝天。

在中国台湾,同样是为了促销农产品,创意也是别出心裁。中国台湾的“农委会”与中华航空合作,推出了水果飞机,让荔枝、菠萝、香蕉都飞上蓝天。

首先,将中国台湾9种优质热带水果,包括荔枝、菠萝、香蕉、芒果、莲雾、杨桃、枣子、木瓜、椪柑,彩绘在中华航空全新空中客机A330机身上,向飞机所经之处的消费者展示中国台湾农产品的魅力。

作为体积最大、内部装饰最豪华的新型客机空客A330,是眼下航空界最受关注的机型,所到之处,自然吸引人们的好奇和关注。因此,这种体型庞大、曲线优美的飞机成为极佳的广告媒体,飞行往来于各大都市之间,绝对吸引眼球,成为一种时髦又有效的广告方式。画着新奇诱人水果的飞机从天而降,传递着宝岛丰饶美丽的形象,更成为联络人们感情、打开市场之门的“天外来使”。

2. 系统运作的创意价值链

众所周知,促销活动是对营销全面而系统的理解,是一个针对性极强、环环相扣的系统,绝对不是孤立的。促销创新必须考虑整合资源,系统运作,将渠道各级成员间看做是一整条价值链。因此企业制订促销方案时,应大胆抛开传统思路,采取差异化策略,这样才能有效吸引消费者眼球,才有机会成功。通常一成不变的创意不会出错,只可惜,它也不会有效。企业的预算虽然有限,但创意可以无限,这样说来,促销是一场以创意为本的战略性市场活动。以上所介绍的几个案例就把“创意五因子”中的“创益、创异、创议、创艺、创忆”全用上了。

(二)城市发展中的文化创意因子

城镇化发展带来了社会的巨大变化,城市化的提速给城市的发展赋予了众多可能。随着我国进入工业化时代,经济的发展使得越来越多的人为追求更高层次的生活而与城市结下了不解之缘。殊不知,城市化同时也是一把双刃剑,在城市化发展过程中始终存在着或多或少的问题,例如,城市生态环境恶化、建筑缺乏人文关怀、文化发展出现短板现象、社会治安问题频发,等等。城市的发展是一项关乎国家和民生的大事,它不仅仅应该有耸立的高楼大厦、数字激增的 GDP,还理应多些人文关怀和文化创意因子。

新世纪的钟声敲响后,世界范围内的一体化和消费的精神化成为深入影响各类产业发展的新趋势。世界各国已经行动起来了,例如,新加坡政府把"下一个繁荣"寄托于创意产业,英国国会早在 1998 年就指出"人民的想象力是国家的最大资源"。据权威统计资料显示,2002 年,创意产业已成为英国第二大产业,并成为该国雇佣就业人口的第一大产业。

城市应当顺应社会历史的新趋势,成为文化产业的集聚地、敏感地。城市文化创意就是通过创造性的设计促成各种城市资源的最佳组合和价值实现,用以提升城市的形象和竞争实力。当前,我国的城市文化创意面临着诸多问题,例如,城市发展规划思维较为僵硬和呆板、经济结构限制创意产业发展、创意人才缺乏和流失等。对于当前我国城市文化创意的现状,应该注重以下几个方面。

首先,要培育创意文化人阶层。一个城市能否成为创意型城市,关键是形成文化创意的社会氛围和创意阶层,关键在于决策群体的观念和政府的制度供给。可以这么说,城市的文化创意是打造城市品牌的重要机制。有"全球创意三巨头"之一称号的英国学者查尔斯·兰德利(Charles Landry)在为深圳创意产业发展建言献策中说:"很多人在城市建设上往往重视硬件,却忽视了软件。而实际上,人群以及人所创造的文化等软实力才是一个城市得以长久发展的利器。"并且各地区的政府不仅要进行相应的体制调整,大力发展文化与科技相融合的文化创意产业,同时还要通过文化创意产业带动文化产业基地建设和区域特色文化产业群建设,从而形成一个庞大的创意阶层,包括科学家、艺术家、文化企业家和战略投资者等。

其次,要确定城市文化特色。要想充分挖掘、提炼和保护城市的精神内涵,还应该立足地域优势,确立城市发展定位。对一个城市的发展历史、文化个性、现实处境及地位作用的准确认识而产生的表述,就是一种在城市文化自觉基础上产生的发展定位。而作为城市综合体所蕴含的价值观念和文化个性的城市精神,是城市竞争力的深层根据,同时又是城市发展取向的表述。创意文化城市就是要有自己鲜明的城市个性和精神寓意,例如硅谷,以软件和计算机产业为主,体现了高科技文化;而巴黎则体现的是时尚文化。在我国许多城市创意中,杭州主要依托优势发展文化创意产业,建设"生活品质之城";西安则利用丰富的秦汉历史文化资源建立"中国的人文之都";苏州是利用其刺绣建立"苏绣文化产业群"等,每个城市都要开发属于自己本体的东西,去寻找城市文化本体的根,用以打造出特色鲜明、结构合理,并具有优势的城市品牌,提升城市的竞争优势和文化底蕴。

最后，要做好传统城市的文化复兴工作。城市文化创意因子还应该体现在现代语境下对中国传统生态智慧的价值重建上。今天的经典其实是昨日的创新，历史的许多优秀创意遗产都可能成为今天的美好记忆。我国博大精深的传统文化中蕴涵着极其丰富的生态文明思想，道家有深刻的生态文化思想，儒家有天人合一的生态思想等，以及由此形成的厚重的传统生态文化思想。在现代语境下，要不断挖掘和提升传统生态文化的内在价值及其对于今天构建文化创意城市具有的现实意义。例如，利用疏浚的淤泥构筑并经后世演变而形成的苏堤；分流引水、溢洪排沙相结合的生态系统工程都江堰；滕王阁序中“渔舟唱晚，雁阵惊寒”的生态情景……这些都是今天我们在借鉴古人的生态智慧进行城市文化创意建设时的模型。只有对中国传统生态智慧的价值进行重建并和现代文明相结合，才能建设成具有中国特色的文化创意型生态城市。另外，细节决定成败，最易忽视的就是城市“标点”。路标、商铺招牌、厕所等都是城市的“标点”，同样也需要有创意文化的因子。

总之，要建设文化创意城市，就必须树立科学的文化产业发展观念，准确客观地分析当地文化的优势和特色，再经过政策和产业扶持，让城市在新一轮竞争中始终保持强盛的生命力。

二、创意元素

(一)元素的定义

元素(element)是指组成事物的基本成分。它又称化学元素，指自然界中一百多种基本的金属和非金属物质，它们只由几种有共同特点的原子组成，其原子中的每一核子具有同样数量的质子，用一般的化学方法不能使之变得更为简单，并且单独地或组合地构成一切物质。一些常见的元素有氢、氮、碳。

(二)创意元素

创意元素是指构成创意的基本成分，创意元素在推动社会发展和进步中，已经越来越重要了，尤其在经济发展中，创意元素已经逐步成为经济发展的重要资源、动力和机会。重视创意在经济发展中的价值，开发创意资源，增强经济文化软实力，使创意元素更充分地产生社会效益与经济效益，并对整个社会进步提出更多的要求与可能，成为全社会关注的问题。

创意元素在经济发展中，是最具精神色彩的因素，也是最重要的创新元素之一。创意也许最初只存在于人的头脑中，人们称之为灵感、奇思妙想、顿悟等，但是创意决定了整个社会的全部走向与价值。比如，北京奥运会的“鸟巢”，工程浩大，但最初就是在头脑中将一个规模巨大的运动场与精致小巧的鸟窝整合在一起；奥运会徽是通过“京”字，将中国字的象形特征充分展示了出来。巨大的成功往往源于一个有创意的头脑里的一个念想。而这个产生念想的头脑，首先必须是一个能够充分吸收人类文化的宝库。

创意元素有三个重要的特征：创作、创新、创造，而这三个特征要求一个开放的环境和自由的社会。

1. 创作

创作就是将创意元素组合成创意并将创意变成产品的过程。创作是具有文化特性的艺术生产过程，有其特有的规律和规则。如同作家对语言的把握，画家对色彩、线条的把握，音乐家对音符、调式、旋律的把握等。这些特殊技艺需要天赋，同样也需要专门学习、培养与训练。所以，对文化人的尊重与文化教育的重视，是经济持续发展的需要，也是创意资源的积蓄与开发。

2. 创新

创新是创意文化的灵魂，文化创新同样是经济发展中的创意元素，同时也最具有社会价值与经济价值。与密集型劳动产品不同，创新是文化产品的生命。作家每出一部新作，无论是一首小诗还是一部长篇小说，都必须与自己和他人的作品不同，画家、音乐家也一样，一个没有创新的作家只能成为“码字员”，没有创新的画家无论色彩线条如何精美也只是“匠人”！重复他人是抄袭，重复自己同样也是艺术生命的死亡。所有的文化产品都应以创新为生命。一个经济体如果是以创新性的文化元素引领，就会充满生命力。

3. 创造

如上所述，创新和创意都是为了新的创造。经济中的创意元素，对整个社会发展的作用，是创造新的生活方式和新的生活内容及新的生命美感。比如，电影的生产将原来剧场中小众欣赏的表演艺术扩大为只要有一面银幕，山村或是边疆都能和都市人一样看到艺术家的表演。而电视更是如此，进入到了每个家庭。博客、微博等新的文化样式使言路畅通成为可能。我们说，没有新的文化元素的经济是一种不断重复而停滞的经济。中国历史上的封建文化，尽管为现在留下了大量的宝贵文化遗产，但其缺乏创新、闭关锁国的文化形态和日出而作、日落而息、春种秋收不断重复的经济，使中国几千年来一直保持一种僵滞的生活方式。而中国近 30 多年的变化，被世界所关注，从根本上来说，我们的经济发展有两个关键词：改革和开放。而这本身就是非凡的文化变革，汲取他人所长，打破传统观念，不断创新，创造一个全新的经济大国。

我们知道，创意需要更加开放的环境以及更加自由的空间来展现其创作、创新和创造的特性。只有具有更充分的言论、写作和出版的自由，才可能有真正的创作和创新。中国在改革开放上取得的巨大进步已经充分表明，继续这种进步，将会使经济中的文化元素产生更加巨大的推动力。

（三）创意元素登上产业发展大舞台

放眼国际，近十年来创意产业已逐步跃居为世界经济中最具活力的产业之一。从国内现状看，"十二五"时期成为我国文化创意产业发展最为重要的战略机遇，呈现出良好的发展前景。

2010 年底，联合国贸发会议、联合国开发计划署、联合国教科文组织、世界知识产权组织、国际贸易中心五大机构联合发布了《2010 创意经济报告》，这是联合国继 2008 年首次对全球创意产业发展形势进行全面评估之后，第二次深入关注这一主题。报告显示，作为全球发展的新趋势，创意经济对推动经济复苏具有特殊作用，它把经济和文化联系在一起，在宏观和微观水平上包容了经济、文化、技术和社会发展的各个方面，创意、知识和信息日益成为经济全球化中推动经济增长和促进社会发展的强大动力。①

通常我们把那些具有一定的文化内涵，来源于人的创造力和聪明智慧，能够通过科技支撑和市场运作实现产业化，并为社会创造财富和提供广泛就业机会的产业，称为创意产业。

创意产业勃然兴起的原因主要有以下三个方面。

第一，创意产业顺应并创造着可持续发展的时代主题。众所周知，人类社会现在正处于工业文明和后工业文明并重的历史时期。曾经历经数千年的农业经济留给人类田园诗般的记忆，而近 300 多年的工业文明则给人类带来了翻天覆地的变迁，其经济产出超过以往农业文明的总和，同时，也严重透支了资源、环境的承载力。近年来，人类一直努力寻求新的产业形态以修正和弥补工业经济的不足，而传统服务业又难以担此大任。创意产业扭转了经济投入的物质比重，转而将知识、智力、创意等非物质因素作为核心生产要素，它们取之不竭、用之不尽，满足了人类可持续发展对产业结构升级的需求。

第二，创意产业促进了居民消费结构升级。现今，人类的生产方式和生活方式有了巨大的改变和进步。人类的物质消费得到了极大的丰富，仅仅停留于物质层面的消费已经远远不能满足人们的需求，精神层面的消费需求不断凸显。这种精神消费的需求规模是大众化的，要求产业化运作来满足。同时这种精神消费的需求又具有市场细分的趋势，要求层出不穷的创意来满足。

---

① 林奇：《联合国〈2008 创意经济报告〉：创意、文化和经济发展》，《国外社会科学文摘》2008 年第 11 期。

创意产业因此应运而生，既保证了精神产品的供给规模，又能体现产品与服务的个性特点，迎合了后工业时代人类需求水平对消费结构升级的种种需求。

第三，创意产业实现了文化与科技的对接，使得文化和科技相得益彰。创意怎样才能做到更有新意呢？创意萌芽于文化的积淀，文化的多样性、异质性最终决定了创意的丰富性，文化的丰厚与贫瘠决定了创意的多寡，只有文化积淀到相当水平，创意才能做到有新意。同时，创意的萌生解决的仅是先期的理念问题和设计规划问题，其后还面临着实现手段的问题，并非每个美好的创意最后都能变为现实。后工业时代的科技进步在很大程度上解决了创意的实现难题。人类愈发展，科技愈进步，创意的现实转化率愈高。正是文化积淀与科技发展在当代的融合使创意产业成为可能。

《中国创意产业发展报告》蓝皮书已经连续出版了6年，书中用如下几个"特写"勾勒了我国创意产业的发展现状。

第一，创意产业进入国家战略规划，跃入国家视野。文化创意产业从2006年中共中央国务院印发《国家"十一五"时期文化发展规划纲要》开始，就已经进入国家宏观视野。2009年，国务院颁布《文化产业振兴规划》，标志着文化创意产业作为一种新型产业形态得到了国家进一步的重视。① 北京、上海、重庆、浙江等省市已经相继出台了专门的发展规划，将文化创意产业作为战略性产业大力发展。可以说，文化创意产业正在引领经济优化发展的潮流，面临着历史性的发展机遇。②

第二，在国家的大力推进下，创意产业强劲增长。在"十一五"时期，我国文化产业快速增长，年均增长速度在15%以上，比同期国内生产总值增速高6个百分点，2010年我国文化产业增加值达到11052亿元。北京、上海、广东、湖南、云南等地2010年文化产业增加值占国民经济比重已超过5%，特别是北京已经超过了12%，上海超过了10%。由此可见，我国文化创意产业整体规模和实力均快速提升，结构调整和资源整合力度在不断加大。

第三，创意产业细分，行业亮点纷呈。2010年，我国电影产量达到526部，成为世界第三大电影生产国和第一大电视剧生产国，电影票房增速连续6年保持30%以上，全年电影票房总额超过100亿元。其中，票房过亿的国产电影达43部，国产影片票房总额为57.34亿元，占全年票房总额的56.3%，改变了进口大片主导我国电影市场的格局。影视动画产量达到22万分钟，扭转了进口片占主导的局面。此外，2010年，新兴文化产业快速发展，网络出版、手机出版、动漫网游和数字印刷等战略性新兴文化产业增速超过50%。

---

①② 包琰：《创意元素登上产业发展大舞台》，《人民日报》2011-05-11。

第四，创意产业投融资渠道逐步拓展。我国于2010年出台了多项支持创意产业振兴和发展繁荣的金融专项政策，推动文化企业利用资本市场做大做强，全年文化创意产业中长期贷款累计新增达到276亿元，中央和各地安排文化产业发展专项资金达52亿元。迄今为止，7个省市成立了文化产业投资基金或投资公司，资金量达到百亿元；26家文化企业在A股市场和H股市场上市，仅2011年就实现融资额104亿元。

党的十七届五中全会依据对文化创意产业发展形势的深刻认识和准确把握，明确提出了"推动文化产业成为国民经济支柱性产业"的战略目标。由此，"十二五"时期成为我国文化创意产业发展最为重要的战略机遇期，呈现出四个方面的良好前景。

第一，创意产业将产生社会经济文化发展的"引爆"效应。我们知道，创意产业具备成为全新经济增长点和经济结构调整着力点的先天优势，充分体现了科技、智力与文化的结合，能够充分利用文化资源、科技人才资源进行创新发展。创意产业的高渗透性、高增值性、高融合性使其能够有效地促进经济发展方式的转变，能够把文化作为产业源头，把科技作为实现手段，以创意为"引信"，以产业为"弹体"，从而在拉动市场扩张、促进产业聚集方面产生"引爆"效应。

第二，创意产业有望成为中国城市特别是中小城市发展的特色和亮点。其实在许多中小城市发展创意产业，与大城市的人才、资本等相比，优势明显。中小城市往往具有发展创意产业得天独厚的鲜明特点，它们有的具备浓厚的地域特征和民族风俗，有的拥有深厚的历史文脉和文化内涵，有的坐拥怡人的自然环境和城市空间。只要抓准定位，充分发掘并利用中小城市的特点，就能掀起新一轮创意产业热潮。中小城市间的竞争也将从以往单纯的经济指标比拼，转向整合城市文脉、创意城市文化等较高层次的竞争，从而加速创意在更广的地域范围内向其他行业渗透，形成创意产业在不同城市间多元并存、多层分布、齐头并进的良好态势。

第三，创意产业可能掀起中国新一轮的并购重组高潮。演艺、音像、娱乐、艺术品等产业在国家政策与财政扶持力度逐渐加大的情况下，还将出现新一轮的并购重组高潮，更多跨地区、跨行业兼并重组形成的大型国有文化企业、集团将陆续出现，它们将最终成为我国文化产业的主导力量和战略投资者。在增强国有文化资本的控制力和影响力的同时，还将进一步强化与创意产业的关联度及竞争与合作关系。

第四，越来越多的传统产业将向创意产业升级。创意元素是产业发展舞台上的主角，她不断推动"中国制造"转向"中国创造"，它不仅作用于传统文化产业,还将作用于制造业、旅游业、服务业甚至是农业。创意渗透到工业、农业乃至传统产业的任何领域,催生出全新的产业形态,使越来越多的传统产业向创意产业升级。创意驱动下的产业升级、变革,将有助于产业结构的调整、经济发展方式的转变、经济增长质量的提高,使创意产业及创意驱动下的其他产业在未来发展中获得更大的成长空间。

2004 年,联合国教科文组织创立了联合国全球创意城市网络,该项目对应的是联合国《保护和促进文化表现形式多样性公约》,其主旨在于把以创意和文化作为经济发展重要元素的各个城市联结起来形成一个网络。加入该网络的城市被分别授予七种称号:“文学之都”“电影之都”“音乐之都”“设计之都”“媒体艺术之都”“民间艺术之都”和“美食之都”。现在已有德国柏林,英国爱丁堡,法国里昂,美国圣达菲,日本名古屋、神户和中国深圳等 20 多个城市加入了该网络。

全球创意城市网络在全球范围内具有很高的权威性,加入该网络获得一个称号,就相当于迈上了该领域国际合作与交流最权威和便捷的平台。深圳、上海、成都、哈尔滨都成功申请了各自不同的“创意设计之都”的称号,就是这些城市的创意产业地位在国际上被认可的最好证明,这必将大大提升我国创意产业在国际上的影响度。

第二节　创意与时尚

自人类文明出现以来,古今中外凡有人群的地方,就会有时尚。时尚需要创意,创意引领时尚。创意是美好生活的新指向。

一、创意设计引领时尚

(一)创意——时尚的发展

创意与时尚的形式和内容会随着时空的不同而发生这样那样的变化,以至影响人们的物质和精神生活。创意创造和改变了人们的社会生活方式。“文革”时期,男人戴军帽,穿草绿色军装,再把袖口向上挽着露出一截白衬衣;年轻的女孩子冬天里穿一件军大衣,里面系条红围巾,这些也算是一种时尚创意了。可转眼到了改革开放初期,不少年轻人以留长发、穿拖地的喇叭裤、手持一只录音机为时尚。创意与时尚或许就如同天上的云,变幻无常;或许如同连绵的山,“横看成岭侧成峰,远近高低各不同”。

由于社会文化的风向标和时尚创意的出现有太多的综合背景、因果关系、制约因素、偶然必然关系,所以很难判断某个时空段内的时尚创意是对或错、好或差。但要把握真正的时尚创意，还得从源头上寻觅。

历史传统和文化传统像一棵历时千载依然顶天立地的大树，根部虎踞龙盘，树冠庞然如盖，它与时尚创意相对应，是历练，是成熟，是深度，象征我们民族的超凡和大器。传统与时尚，在创意文化的影响下，既对立，又互动；既排斥，又统一。比如，低碳环保的生活方式，从当前趋势看应该是今后永远的时尚创意。而这一时尚创意又何以不能从传统中找到其踪迹呢？东晋建国初期，因为发生苏峻之乱，朝廷财政非常困难，库存只有数千匹粗丝织成的布。于是，宰相王导亲自领着一批中央大员"制布单衣"来穿。这般时尚创意，人们也纷纷仿效，以至令布价骤然飙升，朝廷的经济危机也为之缓解。或许，王导的本意只是为了帮助朝廷渡过困难期，但其时尚创意的另一面，却颇让世人欣赏，也令后人从中得到崇尚节俭生活、低碳环保生活方面的生动启迪。①

在今天，追求多样化、个性化、差异化为特征的精神体验随着物质生活日益丰富，逐渐成为人们的必然需求。于是，时尚创意作为制造多样化、个性化、差异化精神体验产品的动力和基础，已经逐步成为当今时代名副其实的新生生产力。如今，时尚创意以文化传统、宗教信仰、伦理价值、意识形态以及国家形象等一切为要素，借着产业化的力量，披着经济行为的外衣，在国与国之间广泛而高效地传播、渗透，真正做到了"随风潜入夜，润物细无声"。中国是拥有悠久历史文化的国家，几千年的中华文明源远流长，为我们留下了宝贵的文化遗产，在中国走向世界的过程中，这些历史文化遗产成为我们最为宝贵的财富。

时尚与创意无高低贫贱之分，全民时尚创意将成为引爆时尚创意生产力的最佳路径。

（二）创意设计引领时尚

1. 创意产业是引领时尚生活的新兴产业

产业的细分标志着社会的进步。传统的四大产业分别为：第一产业，即农业、林业、渔业、畜牧业和采集业；第二产业，即采矿业，制造业，电力、燃气及水的生产和供应业，建筑业；第三产业，即指除第一、第二产业以外的其他产业，包括交通运输、仓储和邮政业，信息传输、计算机服务和软件业，批发和零售业，酒店餐饮业，金融业，房地产业，租赁和商务服务业，科学研究、技术服务和地质勘查业，水利、环境和公共设施管理业，居民服务和其他服务业，教育、卫生、社会保障和社会福利业，文化、体育和娱乐业，公共管理和社会组织，国际

---

① 赵畅：《时尚与创意》，《上虞日报》2011-09-19。

组织；第四产业，即对本身无明显利润但是可以提升其他产业利润的公共产业。[①] 而创意产业就是引领人们新生活方式和新消费方式的第五专业。

如今，各种产业模式跟随时代经济的发展与科技的发展不断升级，使人们的生活水平不断提高，而人们的生活与生产需求只靠传统的四大产业来满足是远远不够的，所以引领时尚的第五产业即创意产业应运而生。在文化产业化和产业文化化不断发展的趋势下，在社会分工不断深化和技术不断进步的大背景下，在大量的文化产品涌向市场造成激烈竞争的情况下，只有经过精心创意的产品才会拥有市场，赢得消费者的青睐。所以随着市场经济的发展，创意设计的重要地位也随之显现，创意逐渐从原有的经济活动中分离出来，成为独立的产业，其标志是创意活动不仅仅是某个产业或行业内部的从属活动，而是脱离了原有的行业，成了为不同行业提供创意服务的第三方。

这里提到的创意产业，是不同于传统产业的全新的文化产业。它的内涵极其丰富，是一种无边界的产业，其根本是通过“跨界”促成不同行业、不同领域的重组与合作，被称之为第五产业，绝不仅仅是一个单一的产业。创意产业还可以和第一、第二、第三、第四产业互相融合，引申出创意农业、创意工业、创意服务业、创意旅游文化业、创意经济、创意公共服务，等等。究其根本，创意产业就是通过文化与工业经济、农业经济的各种融合，寻求新的增长点，推动经济与文化的发展，并通过在全社会推动创造性发展，来促进社会机制的改革和创新。

文化知识和信息技术等无形资产是创意产业的核心生产要素，而且创意产业是一种具有很强的渗透性的高附加值产业。创意为技术、经济和文化搭建沟通的桥梁，创意产品是创意经济价值的表现形式。创意产品是以文化、创意为核心，运用创新知识和先进的科学技术，产生出新的价值，创造出具有艺术性、个性、特性、智能性的产品，是创意灵感在特定行业的物化表现，是新思想、新技术、新内容的物化形式，特别是数字技术和文化、艺术的交融和升华，是创意产业的结晶。

当今世界由创意产业所产生的创意经济，每天创造的总产值位居全球GDP之首，每年的增长速度也都大大高于全球GDP的增长速度。作为21世纪的朝阳产业，创意产业已经在发达国家蓬勃发展，而作为发展中国家的中国，发展创意产业便显得迫在眉睫。我国自2004年首届上海创意产业国际论坛召开以来，不少大城市将创意产业定位为经济发展的新增长点及建设创新

① 庄一召：《关于智慧产业》，[2009-04-17]. http://www.witpark.com/article/4/4660.html.

型城市的要素之一。而在上海、北京、广东、浙江、山东、陕西等省市已经开始了创意产业的发展。同时,发展创意产业也成了我国经济蓬勃发展的重要组成部分,是加速我国未来经济发展,快速提高 GDP 的重要增长点之一。

2. 创意给时尚生活带来新境界新体验

创意产业之父约翰·霍金斯(John Howkins)曾说过:"创意从哪儿来?从无聊中来。循规蹈矩的重复记忆,让人们觉得枯燥乏味。为了让生活变得有趣,我们产生了想象。"

生活之树常青,生活中充满了精彩,这种精彩就是在我们的日常生活中经常会有创意的灵光闪现。创意是在原有的基础上寻求新的理念并得到新的价值延伸和意义拓展;创意是一个新点子、一种新发现,这些发现正是在原有的空间中寻找新的空间。而文化生活就是这个原有空间中最能产生新空间的地方。利用创造性思维和头脑风暴可以产生新的创意,将新的创意付诸生活就诞生了创意生活。每个人都生活在创意的世界里,创意引领着时尚的审美取向,它不会漂浮在城市上空,却已渗透到城市的每个角落。

下面,我们通过以下一些由创意给生活带来的新体验,体会一下创意生活的真谛!

(1)足球胶带(见图 2-1)。

利用人们喜欢踢足球又没有足球而产生失望的心理,通过胶带这个载体来满足踢足球的欲望,这样既省钱又能实现愿望,何乐而不为呢?玩起来一定会更加地酣畅淋漓吧!

图 2-1

(2)笔插(见图 2-2)。

在日常生活中想必大家都会用到笔,那么如果把笔都插在笔插上,精心地用着自己挑选的那支是多么奇妙的事呀!

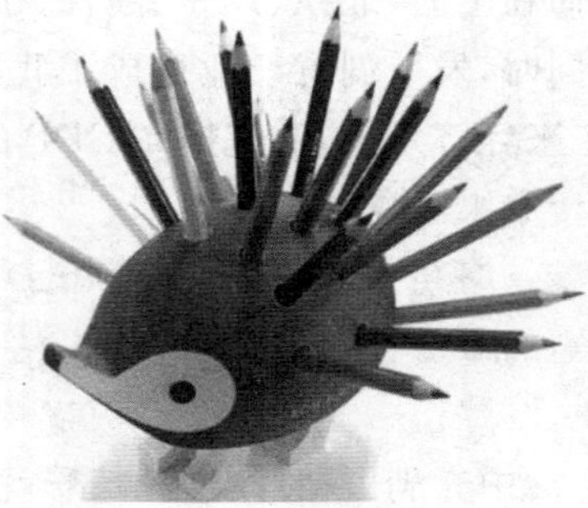

图 2-2

(3)便条夹(见图 2-3)。

各种造型的便条夹,可以给你的生活带来更多的色彩,添加多一点的想象空间。

图 2-3

上述这些由创意所带来的新体验是不是会让人心动呢?创意就像是使你的生活更富有乐趣的“瓶起子”,而创意产业就是拿着瓶起子去执行动作的人,即创意产业就是那个使你的想法成为现实的推动器,这就是创意产业的价值所在。生活中的创意无处不在,只要你对生活保持无限的激情,你一定会在创意生活中发现无限的乐趣,为你的生活多增加一点色彩。可以这样说,创意是来自生活的灵感杰作,而同时它又使生活更加美丽精彩。

二、用创意引导生活新方式

(一)创意引领新的生活方式——生活艺术化,工作娱乐化

生活方式是指人们为生存、发展和享受所进行的一切活动,包括工作、学习、营养、运动、休息等,它既包括人们的衣、食、住、行、劳动工作、休息娱乐、社

会交往、待人接物等物质生活，又包括精神生活的价值观、道德观和审美观。① 20世纪80年代以来，人们更加强调生活方式的重要性，于是越来越频繁地使用生活方式这个词，并把它置于与世界观和价值观同等的位置，从而使生活方式对人们的消费以及社会的时尚有着巨大的影响力。

生活方式是固定不变好，还是流动变化好？这是个问题，也是个难题。然而，恒久不变的生活方式对于现代人而言，难免枯燥无趣。于是人们选择不停地改变自己的生活方式，像《阿甘正传》里的主角说的那样："生活就像一盒巧克力，你永远不知道下一颗是哪种滋味。"这正是人们不停地改变生活方式的原因所在。大众的流行文化是跟随时尚的潮流同步进行的，所产生的文化产品也就具有流行而短暂、新颖而不守旧、享受视听触嗅全方位感受的特征。由创意产业所创造出的丰富多彩和愉悦精神的体验产品，融合娱乐体验文化、休闲体验文化和时尚体验文化为一体，通过互动体验和快乐消费，倡导着一种"生活艺术化，工作娱乐化"的新生活方式。艺术化和娱乐化的生活和工作极大地提高了人类的幸福指数。

工作是人生的劳作，历来被视为人生的负担。如果我们把生活的元素融入工作之中，使工作成为一种新的生活，从而实现工作娱乐化，这估计是大部分上班族梦寐以求的工作方式。迈克尔·沃尔夫在《娱乐经济》一书中认为：人类即将进入娱乐经济时代，"娱乐因素"将成为产品与服务竞争的关键，消费者不管购买什么都在其中寻求"娱乐"成分。② 正如著名的Google公司，员工的办公室好似玩具店的设计，充满了家居的氛围，公司甚至允许员工在工作时间打篮球、逗宠物，这在传统企业是不可想象的。又如，世界著名的快餐连锁品牌麦当劳就曾提出"我们不属于餐饮业，我们是娱乐业"的口号，他们用玩具、儿歌以及各种游戏创造了快餐店里的娱乐文化。据资料显示，麦当劳已经成为世界上最大的玩具发放商。

而在生活中更好地体验娱乐，就是我们所说的生活娱乐化。娱乐消费已经成为世界最主要的消费品，有关数据显示，高收入者用于文化、娱乐等休闲方面的消费支出在逐年递增。比如，时尚体育这个新兴行业，体育被注入文化元素后，内涵与外延都发生了变化，由过去只为强身健体才去进行体育锻炼，发展为一种愉悦身心的生活方式。又如，大连发现王国主题公园是全国规模最大、以游乐休闲为主的公园。该公园以奇幻故事为线索，围绕特定的主题，通过景观的再创造，营造出惊险、刺激的环境和氛围，并按照21

① 厉无畏：《创意产业导论》，学林出版社2006年版。

② 厉无畏：《创意改变中国》，新华出版社2009年版。

世纪现代都市人的生活方式、生活节奏、情感需求、情绪发泄的特点而量身定做，成为中国人自己的“迪士尼”，成为减轻当代人快节奏高压力的一个最佳场所。将工作、生活和艺术融为一体，在工作中寻求和体验生活的乐趣，在艺术中体验生活和工作的价值，从辛勤工作到快乐生活已经逐渐成为大众生活的一种价值取向；生活艺术化，工作娱乐化，同时在娱乐中享受工作已经成为一种新兴的生活模式。

(二)创意影响人们的工作态度和工作样态——从辛勤工作到快乐工作

辛勤工作，意味着工作的劳苦；快乐工作，表现出工作的幸福。这是个工作方式问题，更是个工作态度问题。态度是个体对某一对象所持有的评价和行为倾向。① 工作态度是个人对工作的评价，也是人们对于工作各个方面的心理倾向与行为倾向，工作态度包括工作的认真程度、责任心、努力程度等方面。② 态度作为工作的内在心理动力，影响着对工作的知觉与判断、促进学习、提高工作的忍耐力等。从古到今，不同的工作人群都有自己的工作态度，传统的工作态度就是辛勤工作，而创意阶层的崛起使得现代人的工作态度发生了变革，人们现在追求的不仅是工作所带来的收入，而且还追求工作中的快乐，快乐的工作态度成为现代人追求的新的工作态度。

在社会存在中，阶层是指同一社会里因社会经济地位不同而分成的层次，是人们基于相近的社会地位、职业和收入等形成的社会群体。③在创意产业的发展中，一个新的阶层正在崛起，那就是“创意阶层”。所谓创意阶层，是指所有需要创意和提供创意的从业者的总称，包括科学家、工程师、诗人、艺术家、设计师、卫生及法律从业者等，这些人的生活方式以及价值取向将会左右未来城市和社会的发展方向。④ 2002 年美国卡内基·梅隆大学的教授理查德·弗罗里达(Richard Florida)出版了一本畅销书《创意阶层的兴起》，在这本书里，他提出了著名的 3T 理论——技术(technology)、人才(talent)、宽容(tolerance)，将 21 世纪称为创意阶层的世纪。创意阶层的出现是社会进步的体现。

创意来自聪明的大脑。创意阶层只存在于知识经济社会，它是继工业经济时代的劳工阶级、商业经济时代的服务阶级之后所产生的以知识工作为核心的新群体，高文化、高知识是这个群体的重要特征。运用创意增添产品的经济价值是他们的主要任务。他们是这样一群具有新观念、新生活方式和新生活态度的“新新人类”，敢于创新和冒险是他们的特点之一，他们热衷于创意的

①③ 《新华字典》(第 10 版)，商务印书馆 2004 年版。

②④ 厉无畏：《创意改变中国》，新华出版社 2009 年版。

工作和活动，成为城市中最具活力的人群。随着这类人群规模的不断扩大，未来的生活和工作方式将会发生新的改变。从原来的辛勤工作到现在的快乐工作，这既是创意阶层带来的生活态度上的改变，也是创意产业蓬勃发展带来的工作观念上的新趋势。

制造新文化、新艺术、新理念、新科技、新内容是创意阶层的工作领域，创意人员具有创新精神，注重工作独创性、个人意愿的表达以及拥有不断创新的渴求。创意人员尊重个性，工作自主灵活，并且在工作中充分发挥个人的创造性，善于进行各种新的尝试。他们在选择工作时，特别注重工作的意义、工作的灵活性与安定性、同事的尊重、技术的需求，注重从自己所选择的工作中寻找到个人价值的认同，而工资报酬并不是最重要的。

积极的生活态度意味着创意的生活。享受创意、消费创意的生活态度已经成为当今社会的一种潮流。而创意阶层作为创意产业的从业者，他们既是创意产品的生产者又是创意产品的消费者，创意不仅仅是他们工作的一部分，更是他们生活的一部分，让工作和生活融为一体，这样的生活态度将成为未来的主流趋势。这将是对传统的工作和生活方式的挑战，我们充分相信被动的工作者将成为快乐的主动工作者，到那时所有人的工作将会是快乐的，人们的生活也将会是幸福的。

(三)创意提高人们的工作质量和生活质量——从物质生活到精神生活

改善人们工作质量、提升人们生活质量的重要依托是创意产业。按照罗斯托的经济发展阶段理论，人类经济发展的最高阶段以追求生活质量为最终目标。[①] 创意产业不仅可以增加财富、创造就业机会，而且还是一种生活与创业高度融合的产业，是一种生活与创业完美结合的创业模式，也成为推动社会道德进步，增加社会财富，改善人们生活质量的助推器。

正如我们所说的，创意的本质是特色，创意文化的本质是个性化和差异化。在工业、建筑、广告等设计行业，以及文化艺术、信息产业、时尚创意等领域，文化创意企业正在快速成长，创意项目也在不断进入人们的视野。创意产业创造生产出的产品绝大多数是文化产品，这有利于满足人们多样化、高层次的精神文化需求，有利于提高人们的文化生活品质，这些被创造出来的文化产品是有价值的、具有高品质高质量的、能够满足人们生活需求的产品。中国的企业总是认为人们是以外观是否引人注目来对产品作评判的，其实消费者的需求并不是单纯依靠这一点，人们挑选产品时更加注重产品的质量、方便程度

① 罗斯托：《经济成长的阶段》，商务印书馆 1962 年版。

或是够不够坚固耐磨等元素，以此来判定一个产品的价值。只有符合消费者需求的产品，才能在同类产品中独占鳌头，取得丰厚的价值与财富。而文化创意产品和创意极大地提升了其他行业的制造层次和水平，同时对提高人们的经济生活品质也有着巨大的现实意义。

那么，创意产业究竟从哪些方面改善人们的工作质量、提高人们的生活质量呢？通常可以从经济、文化、环境和社会等几个方面入手。例如，宜家的创意设计在文化生活方面正在成为改变人们生活质量的评价标准。曾几何时，慢慢地，Do You IKEA 成了今天的风尚。“吃哈根达斯，喝星巴克，用宜家家具”正越来越成为年轻人的一种时尚符号。当品牌成为一种时尚，成为一种消费群体的消费文化符号的时候，其影响力是巨大的，宜家就是用这种消费文化来影响着新一代年轻人的生活趋势。创意设计是宜家家居的灵魂。在宜家出售的产品全部都由宜家公司独立设计，产品风格与众不同，一直都秉承“全部的产品，全部的专利”的理念，这使宜家的全部产品都拥有专利，并且他们的产品设计都非常注重顾客的需求。宜家的经营理念是“提供种类繁多、美观实用、老百姓买得起的家居用品”。这就确定了宜家在追求产品美观实用的基础上还要保持低价格，这就是宜家一直强调的低价策略。宜家的这些理念和策略成就了这个品牌的辉煌。宜家现在不仅控制了全球最大的家居产品渠道，还成功地将宜家品牌以及专利产品覆盖全球。宜家改变的不仅仅是现代人的家居生活理念，更使我们的生活质量得以提高！这就是创意给我们的生活质量带来的改变！①

由此可见，创意产业遵循一种“以人为本”的发展模式，在改善人们的工作质量、提升居民的生活品质、重构新的生活态度等方面，更加注重人性化的需求，使人成为工作和生活的主体，由人来主宰工作和生活，而不是成为工作和生活的奴隶，这就是我们未来生活的发展趋势。

第三节　创意文化学的经济意义——文化创意产业

现今，文化创意产业受到越来越多的关注。文化创意产业是社会经济发展的新增长点，是可能改变社会发展样态的新兴产业。创意是文化创意产业的要素，而创意存在于所有的产业之中。产业中的文化创意是文化创意产业的核心。

① 厉无畏：《创意改变中国》，新华出版社 2009 年版。

一、文化创意产业的界定与分类

近年来在各国经济中,文化创意产业(有时也称创意产业)已经成为了一个流行的新概念。更重要的是,这个新概念正在促进现实社会,改变着社会的存在方式和发展面貌。对于文化创意产业的定义有不同的说法,英国创意产业工作组给出的定义是"源于个人创造性、技能与才干,通过开发和运用知识产权,具有创造财富和增加就业潜力的产业"。2006 年 12 月,北京市统计局、国家统计局北京调查总队联合制定发布《北京市文化创意产业分类标准》,将文化创意产业定义为"是以创作、创造、创新为根本手段,以文化内容和创意成果为核心价值,以知识产权实现或消费为交易特征,为社会公众提供文化体验的具有内在联系的行业集群"。

在经历了以生产要素为动力和以消费要素为动力的经济发展阶段后,越来越多的学者认为,人类社会正在走向以创意文化产业为动力的经济发展新阶段。越来越多的国家依靠文化创意产业带动了本国的产业升级与经济进步。以英国为例,在经历了传统制造业持续衰退的打击之后,1998 年,布莱尔政府成立创意产业工作组并制定《创意产业路径文件》,在指导和推动本国文化创意产业的发展方面取得了巨大成就。在美国,创意产业更被认为是知识经济的核心与动力,成为美国保持和提升国家经济竞争力的关键要素。发达国家的成功加深了我们对文化创意产业价值的认识,从 21 世纪开始,国内发展文化创意产业的呼声日渐高涨,措施迭出,成果可喜。北京、上海、杭州、深圳等大城市的文化创意产业已初露锋芒,业界热情高涨,政府积极支持。

(一)部分国家和地区对文化创意产业的界定和分类情况

创意文化的存在和发展是个性化和多样式的。因此,创意文化产业的发展是动态的、多样化的,由于各个国家和地区的经济社会发展阶段以及文化背景的差异,在实际的政策运用或政府的产业统计中,对文化创意产业内涵与外延的界定也存在一定的区别,概括起来大致有两种类型:一是以英国和美国为代表的欧美型,其文化创意产业以文化消费为主体,较多地涵盖精神产品层面;二是以日本、韩国、中国台湾和中国香港为代表的亚太型,其文化创意产业以产业服务和文化消费为主体,兼顾了精神产品和物质产品两个层面(见表 2-1)。①

① 李跃进:《〈浙江省文化创意产业发展规划〉解读》,[2009-08-31]. http://www.docin.com/p-229442208.html.

表 2-1　部分国家和地区对创意产业的界定与分类

英国（13 类）	包括广告、建筑、美术和古董市场、手工艺、设计、时尚、电影、互动休闲软件、音乐、表演艺术、出版、软件与电脑服务、电视和广播 13 类。
美国（4 类）	一是核心版权产业，包括电影、录音、音乐、图书报纸、软件、戏剧、广告及广播电视；二是部分版权产业，较为典型的是建筑业、玩具制造业、纺织品制造业等；三是发行类，主要指相关的运输服务业、批发和零售业等；四是版权关联产业，如计算机、电视机等。
日本（3 类）	一是内容制造业，包括个人电脑及网络、电视、多媒体系统建构、数位影像处理、数位影像讯号发送、录影软件、音乐录制、书籍杂志、新闻、汽车导航 10 类；二是休闲产业，包括学习休闲、鉴赏休闲、运动设施、学校及补习班、比赛演出售票、国内旅游、电子游戏、音乐伴唱 8 类；三是时尚产业，包括时尚设计、化妆品 2 类。
韩国（17 类）	包括影视、广播、音像、游戏、动画、卡通形象、演出、文物、美术、广告、出版印刷、创意性设计、工艺品、传统服装、传统食品、多媒体影像软件、网络 17 类。
中国香港（13 类）	包括广告、建筑、漫画、设计、时尚设计、出版、游戏软件、电影、艺术与古董、音乐、表演艺术、软件及资讯服务业、电视 13 类。
中国台湾（13 类）	包括视觉艺术、音乐与表演艺术、文化展演设施、工艺、电影、广播电视、出版、广告、设计、设计品牌时尚、建筑设计、创意生活、休闲娱乐 13 类。

资料来源：《2001 年英国文化创意产业路径文件》《美国经济中的版权产业：2004 年报告》《日本文化创意产业介绍》《香港创意产业基础研究》《2008 年台湾地区文化创意产业发展计划》以及其他相关文献资料。

注：美国没有创意产业的提法，所使用的是版权产业的概念，指“生产及分销知识产权的产业”。

（二）中国内地对文化创意产业的界定和分类情况

我国内地对于文化创意产业的界定和分类也有诸多研究，以上海、北京、杭州为例。上海将创意产业发展划分为研发设计创意、建筑设计创意、文化传媒创意、资讯策划创意、时尚消费创意五大重点行业，涉及国民经济统计中的 38 个中类行业，55 个小类行业。北京整合文化创意产业发展的重点方向，将《国民经济行业分类》中的 82 个行业小类和 6 个行业中类纳入文化创意产业的范畴，主要包括文化艺术、新闻出版、广播电视电影、软件网络及计算机服务、广告会展、艺术品交易、设计服务、旅游、休闲娱乐、其他辅助服务。中国创意产业研究中心在其最新出版的《中国创意产业发展报告（2007）》中将文化创意产业划分为影视文化类、电信软件类、工艺时尚类、设计服务类、展演出版类、咨询策划类和科研教育类 7 大类，21 个中类，涉及 80 个国民经济行业小类。杭州发展文化创意产业研究课题组在参照上述三者的基础上，结合杭州市产业发展的实际情况及未来经济社会发展的趋势与方向，将文化创意产业划分为文化艺术类、影视传媒类、信息软件类、产品设计类、建筑景观设计类、时尚消费类、咨询策划类 7 大类，涉及 22 个中类，76 个国民经济行业小类。

(三)《浙江省文化创意产业发展规划》中文化创意产业的分类①

从浙江经济社会发展的实际情况出发，文化创意产业的界定与分类，特别要突出文化创意产业中创新创意的本质内涵，体现文化对产业的渗透，强调文化创意产业对推动自主创新、带动产业结构升级的战略作用，强调文化创意产业与城市规划建设和发展、人民生活品质提升等方面的结合。前述几个分类中有一些实际上是与创意产业有一定相关的产业，但未能充分体现文化创意产业的原创性、增值属性。因此，为进一步突出文化创意产业的核心层次和发展重点，《浙江省文化创意产业发展规划》将浙江省文化创意产业分为产业设计、信息软件、建筑景观、文化艺术、咨询策划、创意农业 6 个大类，11 个重点行业，涉及 38 个国民经济行业小类。

(四)浙江省 6 大类文化创意产业②(见表 2-2)

(1)产业设计类创意产业，主要是指与工业生产相关的研发和设计活动，包括工业设计、研究开发(R&D)等。

(2)信息软件类创意产业，主要指与计算机软件领域及网络、数字等高技术产品相关的研发和设计活动，包括软件设计、网络游戏、数字娱乐、互联网创意服务等。

(3)建筑景观类创意产业，主要指与建筑、环境等有关的研发和设计活动，包括建筑景观设计、建筑装饰设计、建筑规划等。

(4)文化艺术类创意产业，主要指文化艺术领域的创作和传播活动，包括传媒出版、艺术品创作和交易、文艺演出等。

(5)咨询策划类创意产业，主要指为企业、社会团体、政府或个人提供各类商务、投资、教育、生活消费及其他咨询和策划服务的活动，包括广告策划、咨询服务、会展服务等。

(6)创意农业，主要指在农业的生产活动中引入科技、文化、艺术、休闲等因素，使农业成为观赏性、文化性的产业。

---

① 《浙江省文化创意产业发展规划》，[2010-03-03]. http://www.tzwh.gov.cn/show.asp?sid=1306.

② 李跃进：《〈浙江省文化创意产业发展规划〉解读》，[2009-08-31]. http://www.docin.com/p-229442208.html.

表 2-2　浙江省文化创意产业的分类体系

大　类	中　类	国民经济行业小类		说　明
产业设计	工业设计	7690	其他专业技术服务	包含动漫、服装设计等行业
	研究开发	7520	工程和技术研究与试验发展	
		7530	农业科学研究与试验发展	
		7540	医学研究与试验发展	
信息软件	软件设计	6211	基础软件服务	包含网络游戏行业
		6212	应用软件服务	
		6290	其他软件服务	
	计算机服务	6110	计算机系统服务	
		6130	数据处理	
		6190	其他计算机服务	
	信息服务	6020	互联网信息服务	
建筑景观	建筑景观设计	7672	工程勘察设计	
		8120	城市绿化管理	
		3159	园林、陈设艺术及其他陶瓷制品制造	
	建筑装饰	4900	建筑装饰业	
	建筑规划	7673	规划管理	
文化艺术	传媒出版	8910	广播	
		8920	电视	
		8931	电影制作与发行	
		8940	音像制作	
		8810	新闻业	
		8821	图书出版	

续 表

大 类	中 类	国民经济行业小类		说 明
		8822	报纸出版	
	艺术品创作及交易	4211	雕塑工艺品制造	
		4212	金属工艺品制造	
		4214	花画工艺品制造	
		4216	抽纱工艺品制造	
		4218	珠宝首饰及有关物品制造	
		4219	其他工艺美术品制造	
		9090	其他文化艺术	
	文艺演出	9010	文艺创作与表演	
咨询策划	广告策划	7440	广告业	
	咨询服务	7432	市场调查	
		7433	社会经济咨询	
		7439	其他专业咨询	
		7450	知识产权服务	
		7499	其他未列明的商务服务	包含文化经纪、活动策划等
		7720	科技中介服务	
	会展服务	7491	会议及展览服务	
创意农业				

（五）文化创意产业与文化产业的界定

创意文化产业的重心在文化还是在创意？我们所说的突出创意的文化特征，并不是说要把文化创意产业与文化产业混为一谈，事实上，当代的文化创意产业之所以备受关注，究其根本原因在于创意本身，正是创意巨大的潜在经济价值吸引了人们对文化创意产业的关注。各国在推动文化创意产业的发展过程中，往往会列举本国文化创意产业的范围。例如，英国定义的文化创意产业包括广告业、设计业、电影、表演艺术、出版业等10余种产业。北京市统计局划定的北京地区文化创意产业包括文化艺术,新闻出版,广播电影电视,软件、网络及计算机服务,广告会展,艺术品交易,设计服务,旅游休闲娱乐,其他辅助服务9大类。从传统的产业分类视角看,文化创意产业与通常意义上的文化产业有着很大程度的重合,这导致许多人把文化创意产业误认为是文化产业的一种新的表述。其实,文化创意产业与文化产业还是有所区别的。文化创意产业不是传统国民经济统计意义上的产业概念,文化创意产业产生于新技术条件之下,是对产业链的分解重组,并渗透于产业链的各个环节。文化创意产业的核心与关键是创意,只是因为文化产业中的创意性活动更为直接、更为密集,才使得各国在沿用传统的产业分类概念来界定文化创意产业的范围时,将许多属于文化产业范围的完整产业包含其中了。

文化创意产业所生产的产品大致可以分为两大类:第一类是消费性文化创意产品,即直接满足大众消费的文化产品,例如,电影电视作品、电子游戏、文学作品、音乐及表演艺术等,提供此类产品的产业类似于我们传统产业分类中的文化产业;第二类则是生产性文化创意产品,为包括文化产业在内的各产业提供中间产品,如剧本、服装设计、工业品外观设计、广告方案、软件等,这些属于相关产业的文化创意,为产业链中的重要乃至核心环节,但其本身却不能用文化产业加以概括。

(六)文化创意产业与产业的文化创意二者之间的关系

文化创意产业以“创意”为核心。文化创意产业是对产业链中文化创意环节的提炼、分解与重组,它逾越了一般的产业概念,打破了传统的产业界限。文化创意产业已经渗透到从制造业到服务业,从文化产业到一般产业的所有产业之中,任何产业都会因有成功的文化创意而获得价值的提升。某些试图沿用传统观点,将文化创意产业限定在某种成型的、完整的产业范围之内的做法,有碍于我们对文化创意产业巨大价值的认识。

正是文化创意把各个产业提升到了一个崭新的高度。所有产业中占据着产业价值链高端的是文化创意因素,它几乎无处不在。产品设计、建筑设计、手工产品的制作、艺术品设计与制作、广告创意等,创意活动与所有的产业相关联。我们要发掘每一个产业中的文化创意因素,以文化创意来提升产品的附加值,培育自己的核心竞争力,这不仅是文化创意产业的题中之意,更成为体现文化创意产业价值的关键。意大利制造业的成功就是对这一观点最好的诠释。当物美价廉的“中国制造”由于规模化生产和低廉的劳动力成本而行销全球时,意大利制造业却利用自身优势,摒弃规模化的工业生产老路,以文化创意产业为基础,在汽车、时装、工业设计、时尚创新及手工制作等方面闯出一条独特的发展之路，不仅使本国的文化创意产业蓬勃发展，也使致力于精细生产、个性服务和高附加值的“意大利制造”在世界市场独树一帜。“中国制造”附加值较低，其能给中国的经济带来多大的贡献，历来存在较大的争议，但是，与此不同的是，“意大利制造”无可辩驳地推动了该国的经济复兴。

富有创新创造潜力的中国文化人和产业经理人，认识到产业中的文化创意是文化创意产业的核心，这一点十分重要。在文化创意产业大行其道的今天，仍有很多人对于文化创意产业的价值存在疑问，究其根源在于没有重视产业中的文化创意因素，仅仅把那些能够提供成熟文化产品的产业，如影视产业、出版业等看做是文化创意产业的全部。以北京为例，对于北京拥有发展文化创意产业的良好基础与有利条件，人们所持的观点是比较一致的，但对于文化创意产业能否成为北京的支柱产业却有很多异议，部分学者或政府官员甚至认为，文化创意产业不可能像制造业，如汽车、钢铁等行业那样，在解决就业和贡献税收方面发挥巨大作用。人们认为，之所以会有这种观点，主要是因为对文化创意产业的认识存在片面性，忽视了产业中的文化创意因素。我们应该看到，文化创意产业是以文化为基础，以创意为核心，具有高渗透性的产业，可以与其他产业部门相融合，促进产业的升级。将文化创意产业与传统产业对接，可以有效地提升产业的竞争力，提升城市的竞争力。作为国家的首都和政治、文化中心，北京的产业发展面临着资源和环境的巨大压力，发展文化创意产业则为北京走出目前的产业发展困境，创造首都经济新的辉煌提供了一条重要的出路。

二、文化创意产业的特征

文化创意产业是一个新兴的产业，是个新的经济学和文化学范畴，也是引领以往存在的产业发展的新龙头，其具有如下三个特征。

(一)高知识性——高端知识的创新

文化创意产品是以文化、创意理念为核心，是人的知识、智慧和灵感在特定行业的物化表现。文化创意产业与信息技术、传播技术及自动化技术等的广泛应用密切相关，呈现出高知识性、智能化的特征。比如，电影、电视等产品的创作是通过与光电技术、计算机仿真技术、传媒技术等相结合而完成的。

(二)高附加值——高价商品的增值

文化创意产业是一种高附加值的产业，它处于技术创新和技术研发等产业价值链的高端环节。在文化创意产品价值中，科技和文化的附加值比例明显高于普通的产品和服务。

（三）强融合性——多领域的强力融合

如前所述，文化创意产业作为一种新兴的产业，是经济、文化、技术等相互融合的产物，具有高度的融合性、较强的渗透性和辐射力，为发展新兴产业及其关联产业提供了良好条件。文化创意产业在拉动相关产业的发展、推动区域经济发展的同时，还可以辐射到社会的各个方面，全面提升人民群众的文化素质水平。具体可以体现在以下六个方面。

第一，人才的高素质。创意人员主要是知识型劳动者，他们强调个人参与和才智发展。文化产品的生产和传播在个人文化素质不断提高和信息技术广泛应用的现实条件下，必须具有很强的创意性。这种创意性的最终来源，往往是个人或普通民众的广泛参与及聪明才智的充分发挥，这正是文化创意产业产生发展的基本动力。在发达国家，随着工业化的发展和后工业化社会的进步，教育和研发、文化、金融等众多领域的创意人群在人口中所占的比重正在逐年增加。

第二，产业的新高端。创意产业属于高附加值产业，具有很强的渗透性，更强调有形产品的生产。我们知道，创意产业是具有自主知识产权的高附加值产业，其核心生产要素是信息、知识，特别是文化和技术等无形资产。创意是技术、经济和文化等相互交融的产物，创意产品是新思想、新技术、新内容的物化形式，特别是数字技术和文化、艺术的交融和升华，是技术产业化和文化产业化交互发展的结果，可以渗透到许多产业部门中去。文化创意产业的范畴冲破了传统赋予文化业的内涵，使之具有了生产有形产品的实际内容或行业，让无形的文化意识能够通过有形的文化创意产品充分体现出来。

第三，产品的高集成。创意产品是文化和技术相互交融、集成创新的产物。创意产品是创意灵感在特定行业中的物化表现，其具有相同的特征，即是以文化、创意为核心，运用知识和技术，产生出新的价值。电影、电视广播、音乐产业、出版业、视觉艺术产业等的文化产品，是创意与新科技、新传媒相结合的产物，大量生产并掀起全球性商品流动与竞争。而传统工艺或创意设计产品，可能多为手工的、少量生产的产品。创意产品都呈现出智能化、特色化、个性化、艺术化的特点，它们的价值并非局限于产品本身，还在于它们所衍生的附加价值。如那些具有版权的产品，书、电影和音乐等创意产品的出口能比服装和汽车等制造业产品的出口获得更多的利润。

第四，信息技术的大应用。文化创意产业强调信息技术的应用与创新。文化创意产业把与文化有关的设计和软件业等纳入其范畴，完善了传统文化业因缺少信息服务技术而出现的不足，突出了信息服务技术在文化创意产业中的地位和价值，从而为文化创意产业的发展提供了创新视野、创新方式、创新渠道、创新内容和广阔的市场前景。

第五，产业组织的新样态。文化创意的产业组织呈现集群化、网络化。在当今社会，创意产业是知识和文化传播、产业发展形态、社会运作方式的创新，而不仅仅指个体设计师、艺术家的灵感突发。创意产业的发展并不仅是个人或单个企业的行为，而是集体的互动和企业的地理集聚，形成集群化的环境。创意产业集群的特征是生活和工作结合、知识文化产品生产和消费的结合，有多样化的宽松环境，有独特的本地特征，而且与世界各地有密切联系。

第六，团队和企业的新特点。文化创意产业的团队和企业呈现出小型化、扁平化、个体化、灵活化的特点。设计公司通常是文化创意产业企业的存在形式。一个小的设计公司虽然只有几个、十几个或二十几个人，但其设计创意人员占据主导地位，处于产业价值链的高端，对周边制造业能起到重要的带动作用。

三、文化创意产业的发展趋势

在信息技术革命和全球化的浪潮中，创意产业在全球范围内以迅猛的势头崛起，并逐步展现出了新的发展趋势。

（一）创意产业发展的关键要素是数字技术

数字革命使文化的生产、传播和消费方式发生了巨大的变化，非物质的商品化程度达到了新的高度，导致了新的服务和交易行为的产生，创造了更为广阔而复杂的产业价值链，彻底改变了创意产业传统的商业化模式。

（二）创意产业发展的内在动力是知识产权

当下，专利、商标、版权等无形资产成为知识经济时代创意企业的战略性资产和核心竞争力所在。知识产权的形成和出售以及颁发许可证等各种交易行为成为创意产业链上的关键环节。

（三）创意产业空间发展的重要形态是产业集群

正如我们看到的，产业集群化已经成为现代产业发展的重要趋势。创意产业的创新性和产业融合性，决定了其发展过程中需要创意人才的互动交流和创意企业的地理集聚。比如，美国曼哈顿的“苏荷（SOHO）艺术聚集地”、好莱坞影视娱乐业集群等，都是文化创意产业集群发展的成功典范。在我国也已经初步形成了北京中关村，上海泰康路、张江文化科技创意产业基地，杭州LOFT49等独具特色的创意产业集聚区。

(四)创意产业组织发展的基本结构是“少量大企业、大量小企业”和“大企业中的小团队”

一方面,以产业链为纽带的创意企业集团化趋势明显,涌现出了美国迪士尼公司、澳大利亚新闻集团等产业巨头,据统计,全球前50家媒体娱乐公司占据95%的市场;另一方面,创意企业具有小型化、扁平化、个体化、灵活化的特点,大量的设计公司、工作室往往只有几个到十几、几十人。①

四、金融危机下中国文化创意产业的发展

(一)国际金融危机对中国经济的影响

2008年以来,由美国次贷危机引发的全球金融危机不断蔓延,严重影响了全球经济的发展,中国也难以幸免。受全球金融危机的影响,2008年中国出口增长同比回落8.5%,并使GDP增长回落和许多产业增长速度下滑,其中第四季度经济增长降至6.6%,工业增长降至5.8%。但在如此严峻的形势下,文化创意产业却能逆势而上,成为当前经济寒冬中一股令人振奋的暖流。②

中共中央、国务院及时调整政策,为应对全球金融危机的影响,出台了一系列刺激经济、扩大内需的措施,并将增强自主创新能力、优化产业结构、加快发展方式的转变作为工作的重心。从历次金融危机引起的经济萧条情况看,只有实现经济创新的国家才能迅速走出危机,而创意产业就是推动经济创新的一支新生力量。

我们将创意产业作为开发人类创造力、解放文化生产力、提升产业竞争力、增强国家软实力的有效手段。创意产业强调创造和创新,强调将文化、技术、产品和市场有机结合起来,这不仅能为人们提供文化含量较高的产品和服务,满足大众的精神需求,从而有效刺激内需,形成新的消费市场;更重要的是还可以同其他产业融合发展,从而促进产业创新和结构优化,有效地推动经济发展方式的转型。

(二)创意产业发展逆势而上的原因

危机中往往蕴含着新的机遇。在金融危机下,中国的创意产业蓬勃发展。根据《2009年中国广播电影电视发展报告》(广电蓝皮书),2008年全国广播电影电视总收入(含财政补助收入)比上一年增长20.49%;据《光明日报》报

---

① 李跃进:《〈浙江省文化创意产业发展规划〉解读》,[2009-08-31]. http://www.docin.com/p-229442208.html.

② 厉无畏:《金融危机下的中国创意产业发展》,《社会科学研究》2010年第1期。

道，2008年中国电影票房收入增长超过35%，2009年1、2月份则比上一年同期增长110%，呈现出爆发式增长的态势；动漫游戏产业在2008年也增长了97%，将近翻了一番。近年来，不少地方创意产业的增长速度普遍高于当地的经济增幅。比如，2007年，北京、上海、深圳GDP的增长率分别为12.3%、13.3%和15.0%，而三市的创意产业增长率则分别达到19.4%、22.8%和25.9%。①

产业的发展和振兴有着诸多原因。创意产业在种类繁多的产业竞争中，能够从金融危机中脱离出来，一个极其重要的原因就在于从消费者的需求出发，为消费者创造观念价值。一直以来，竞争和竞争优势总是企业战略管理所关注的核心问题。在迈克尔·波特(Michael Porter)竞争战略思想的指导下，企业选择的战略可以是"差异化"，也可以是"成本领先"，目的是打败对手，占有更大的市场份额。当下，在全球化和信息化推动下，技术扩散速度越来越快，大量的同质产品充斥市场，竞争白热化。如果企业拼抢的市场仅仅停留在已有的市场空间，低价血拼的结果必然是利润空间日益狭小，出现血腥竞争的市场现象。

2005年畅销全球的《蓝海战略》一书，引起巨大反响。"蓝海战略"要求企业把视线从供方转向需方，从关注和比超竞争对手的行为转向为买方提供新的或现有产业未提供的价值元素，并剔除和减少某些旧的价值元素，从而摆脱血腥竞争的市场(这里我们称之为"红海")，开创一片新的市场空间——"蓝海"，以较低成本为买方提供价值上的突破。书中指出，"蓝海战略"的基石是价值创新，并要求尽可能降低成本。

在市场经济中，消费者往往是无情的、挑剔的。产业的规划与发展如何向消费者提供新的价值元素呢？当前蓬勃发展的创意产业正不断向各种产业渗透与融合，为消费者提供新的价值元素。可以说创意产业是实现"蓝海战略"的主要手段，为此，我们先要从消费者的角度出发，研究产品或服务的价值构成。

市场需求是推动商品价值形成的原动力，而价值又是与市场上消费者的需求相联系的。企业提供的产品或服务，被消费者认可，销售后便实现了价值——商品的市场价值，同时也转化为企业收益。从消费者角度看，产品的市场价值由功能价值和观念价值两部分构成。功能价值是消费者为满足基本需求愿意给商品物理属性支付的价格部分，它由科技创造而成，是商品的物质基础；观念价值是指人们在消费商品物理属性的同时，因商品内在的文化属性、象征意义以及个人因消费商品所带来的感受和体验等方面的差异而愿意多支

① 厉无畏：《金融危机下的中国创意产业发展》，《社会科学研究》2010年第1期。

付的价格部分。观念价值是商品中包含的能与一些社会群体的精神追求或文化风尚产生“共鸣”的无形附加物，譬如品位、意味、情趣等。观念价值是主观的，是可以体会和感受的无形附加物，因文化创意渗透而生，所以是附加的文化观念。全球金融危机引发的生产过剩的矛盾需要通过扩大内需，调整产品结构，开拓市场，加强品牌建设等措施化解，这一实施过程将促进创意设计、广告会展、咨询策划等行业的发展。如 2007 年上海创意设计和咨询策划业比 2005 年分别增长 50.1%和 96.7%。①

深圳作为改革开放的前沿城市，正是因为抓住机遇，努力以创意产业的发展推动产业转型，最终取得了良好的效果。联合国教科文组织于 2008 年 12 月授予深圳“设计之都”称号，深圳成为中国第一个进入全球创意城市网络的城市。深圳通过创意产业的发展把产品设计和品牌运营紧密结合起来，使产业发展获得了新的经济增长点。

另外，人们由于受到全球金融危机的影响，对于未来生活的担心转变为不同程度的心理压力，十分需要疏解。这时，以需求为导向的创意产业，则可以非常“善解人意”地为公众制造一个疏解现实生活压力与苦闷的“欢乐世界”；还可以用自己丰富多彩的文化创意为公众搭建一个宽阔的追逐自我愿望的平台，形成新的消费热点；同时，社会也需要文化创意产业提供有助于重振民众对未来发展信心的产品。创意产业的特点符合金融危机中人们的心理需要，即使在经济不景气时也同样能找到新的发展机会。正因为如此，电影、动漫、网络游戏才有如此快速的发展。

（三）新形势下发展文化创意产业对中国经济的作用

1. 推动中国传统产业的创新

以前，我们都是用科学技术的力量和市场的力量推动产业的发展。现在，我们可以用一个新兴的产业来推动先前各种传统产业的创新和发展。我们知道推动传统产业加快自主创新进程的重要力量是创意产业。面对全球金融危机的冲击，中国首要的任务是加强自主研发能力，加快自主创新进程，尽早拥有自己的品牌和核心技术，从而减少对外来经济的依存度。目前，中国总的对外技术依赖率超过 50%，工业产品的新开发技术中有 65%属于外源性技术，在世界上叫得响的品牌难觅踪迹。这些现象反映了我国的不少企业缺乏自主创新能力。所以，提倡创新精神，鼓励自主创新，成为走出危机的必由之路。在这个过程中，传统产业除了通过技术创新，还可以通过文化创意来推动产业创新。

---

① 厉无畏：《金融危机下的中国创意产业发展》，《社会科学研究》2010 年第 1 期。

(1)提升中国品牌的竞争力。

中国文化提升中国产品的品牌价值。我们需要通过创意的融入,附加更多的文化内涵,实现差异化竞争,塑造有特色的品牌。上海的石库门建筑是19世纪末一种独具地方特色的建筑模式,也是凝聚着上海海派文化的建筑符号,在现代城市改造中不少已被拆除,但它作为一种文化符号却越来越多地被运用到其他产业领域,以增加产品的文化内涵,培养一种亲切而熟悉的情感,促进产品的推广,从而实现从文化资源到经营资源的成功转换。生产石库门老酒的上海金枫酒业公司诞生于1939年,它原来生产的“金枫”牌黄酒,虽然品质不错,但通常被用作烧菜的料酒,一瓶酒售价仅两三元。后来,通过借用石库门这一文化符号,成功地推出了石库门老酒品牌,由于包装设计精美,产品配方合理,口感良好,酒瓶造型独特,融合了中西文化及海派文化,产品一上市就受到了消费者的青睐。在与消费者的互动选择上,石库门老酒还根据石库门建筑的发展历史,设计了“1939”和“2001”两个不同品种,用不同年份区分不同酒基酿制的老酒,打破了传统“五年陈”“十年陈”等叫法,新的名称分别为“红标”和“黑标”。目前市场上石库门老酒的最低售价分别为红标每瓶21元、黑标每瓶31元。

(2)实现中低档产品的价值增值。

中国产品历来以价廉物美著称。如何实现中国产品的价值提升?产品的创意设计是关键。在产品设计中融入文化创意,用不同的表现形式给予人们丰富的想象,以达到增值的目的。例如,在利用生物科技手段改变农产品形状、色彩和口味等物理功能的同时,融入文化元素,增加农产品的文化艺术含量,并根据市场需求把农产品变为艺术品,设计生产“来自乡间的原生态作品”。上海奉贤创意农业园生产的一篮五颜六色的小南瓜、茄子和西葫芦,色彩斑斓,形状可爱,命名为“缤纷年华”,使原来非常普通的瓜果、蔬菜摇身一变,立刻“身价百倍”,每篮价值300多元。此外,通过艺术点化,也可将农业生产中的一些废弃物,诸如麦秸、玉米壳等变为工艺品,化腐朽为神奇。

(3)拓展全新的消费市场。

我们可以在营销中融入文化创意,引起消费者的文化认同,使之产生共鸣或好奇心,达到拓展市场的目的。我们熟知的2008年中国的贺岁电影《非诚勿扰》中就有许多商家用植入式广告的形式开拓市场。比如,此前四川剑南春酒厂在地震中受到重创,正是由于影片中的主角爱喝剑南春酒,该影片热播后剑南春酒的销量大幅度上升。又如,成都一家婚庆礼仪公司为帮助玩具商促销遥控直升机玩具,在一场婚庆活动中策划了“喜从天降”的场景,当新郎要给新娘钻戒时，幕后工作人员操纵一架直升机绕场飞来，降到新郎手上，送来一枚从香港购来的钻戒，真是“天赐良缘”啊。由此遥控直升机在年轻人中火爆热销，不仅为婚礼增添了欢乐和吉祥的气氛，而且将来可以当做孩子的玩具。再如，老子故里河南鹿邑，该县运用老子文化开发工作，激活了旅游产业，拉动了城市建设，壮大了县域经济，慕名前往老子故里旅游观光、寻根谒祖的海内外人士络绎不绝。

2.促进发展方式转变，走科学发展之路

改革开放以来，虽然我国经济保持了高速增长，加速了工业化进程，在生产能力和产量方面大大缩小了与发达国家的差距。但是，随着经济的高速增长，问题和矛盾也日益显现出来。比如，内需不足、产业结构不合理和发展方式以粗放型为主等。而发展创意文化产业恰恰可以有效地扩大内需、促使产业结构升级换代和转变发展方式。

(1)优化经济结构，改善产业结构。

首先，扩大内需离不开创意产业。投资、消费和出口是拉动经济的三驾马车。当前中国经济结构的不协调之处在于经济增长过多地依赖投资和外贸出口。投资和消费的不平衡，突出表现在固定资产投资的增长幅度仍处高位，且大大高于消费。中国经济近期的走势是以扩大内需刺激经济增长，这是由于受全球金融危机的影响，外贸出口迅速滑坡造成的。

文化创意产业是文化、科技和产品的结合，是经济社会发展到一定阶段的产物。创意产品需要消费者具有一定的鉴赏能力才可领悟潜藏在其中的文化。而这一切只有当人们的物质需求被满足后，才会有此方面的需求。美国著名未来学家约翰·奈斯比特(John Naisbitt)指出：“在高科技为主导的现代社会中，人除了温饱和安全需要之外，更迫切要寻找的是人生的意义，追求更高、更深、更远的东西。”而文化创意产业借助科技的支持，可以提供日益丰富的文化产品，满足人们日益增多、日益迫切的文化需求和精神需求。中国的消费层次正处在已解决温饱，向小康和富裕小康迈进阶段，文化创意产业的发展会加速这一进程的步伐，同时有效地扩大内需。

其次，产业结构的升级换代离不开文化创意产业。从长期的发展趋势看，中国三大产业之间的比例关系有了明显的改善，产业结构正向合理化方向转变：第一产业在GDP中的比重呈现持续下降的态势；第二产业的比重经历了不断波动的过程，但长期稳定保持在40%—60%之间；第三产业在国民经济中的比重处于不断上升的进程中，增加值比重由1990年的17.3%大幅上升至2010年的42.3%。但是，与发达国家相比，中国产业结构中的第三产业比例还严重偏低,必须尽快实现第三、第二、第一产业结构所占比例排序的转变。①

中国产业结构的升级换代不能脱离文化创意产业的发展。发展文化创意产业应注重产业整体价值的提升,这属于"新木桶"思维,将自身的长板与他人的长板进行组合,形成更大的木桶空间,区别于旧木桶理论补短板的思路。尤为重要的是,文化创意产业可以通过应用技术的嫁接,比较深入地融入传统产业,实现传统产业结构的升级换代,这种融合主要通过以下两条途径实现产业升级。

第一是文化创意产业优化传统产业结构。它通过与其他产业的融合,为传统产业(包括农业、制造业、服务业等)注入新的文化信息要素,使各种产品或服务成为一定文化的载体。在各行各业的发展中,只有各个产业根据市场需求不断融入文化与时尚的元素,才能获得新的生命力,提升自身的附加值,开辟新的市场。比如,可以利用芯片将音乐植入各种玩具、贺卡、纪念品等,使人们在消费这些商品的同时还能欣赏到美妙的歌声,营造愉悦的氛围。

第二是文化创意产业在产业链的上、中、下游各个环节不断进行文化创意投入。具体是指在文化市场上衍生相关的出版和影视产品、游戏软件以及同其他业态的组合。比如,同服饰行业、旅游休闲行业、娱乐主题公园、媒体等的组合,及其对营销手段进行创新。在大连,人们种玉米时按照迷宫图案种植,当玉米长高后就为农家乐旅游增加了"勇者之旅"走迷宫的活动。

(2)转变经济发展方式,促进社会可持续发展。

前几年,中国经济一直保持着10%以上的增长速度,但是这种高速增长是以高能耗和高污染为代价的,要改变这一状况,就需要转变经济发展方式,强调以人为本和可持续的科学发展理念。2006年中国GDP总量占世界总量的5.5%左右,但是中国为此消耗的标准煤、钢材和水泥,分别约占全世界消耗量的15%、30%和54%。中国依靠高投入、高消耗带来的粗放型增长,导致了高排放和高污染,以致环境污染状况十分严重,甚至在有些地区生态已遭到破坏和退化。松花江水污染、淮河污染、太湖蓝藻事件,等等,越来越多的环境危机为中国经济敲响了警钟。②

可以这样说,文化创意产业是一个以人为本、高文化附加值、低消耗高产出的环保型新兴绿色产业。文化创意产业开发的是人类的主体资源,通过满足人的精神需求而产生社会效益和经济效益,这样对于自然资源的消耗就比其他产业要低很多。大力发展创意产业,有助于单位产出的能耗下降。与此同时,创意产业能够开发人的创造力和潜能,给每个有创新潜力的人提供发挥才能、创

①② 厉无畏:《金融危机下的中国创意产业发展》,《社会科学研究》2010年第1期。

造财富的机会，推动创意阶层的形成。此外，创意产业还将为中国创造新的就业渠道。一方面，创意产业本身包含的专业领域很广，能容纳大量的劳动人口；另一方面，通过发展创意产业形成的一些新型产业，可以为社会提供大量新的就业岗位。可见，大力发展创意产业可以改变中国经济的发展模式。

(四)跨越式发展创意产业的对策

当前，我们应当及时抓住机遇，大力发展文化创意产业，以缓解世界经济危机以及中国经济困境。但是，由于中国创意产业发展起步较晚，面临诸多瓶颈，包括对创意产业发展的定位还不很明确；创意人才严重不足，远远跟不上创意产业发展的需要；部门分割的管理体制尚需加强协调等。要实现创意产业的跨越式发展，应从以下几个方面着手。

1. 走科学发展之路，尤其在观念上加强对创意产业的认识

文化创意产业作为一个独立的产业从 20 世纪 90 年代末期就开始了，逐渐被发达国家和地区的人们所重视。而在中国，由于引入"创意产业"的时间尚短，从某种程度上讲，甚至还是一个新生事物，无论是理论界还是实际决策部门，对于创意产业在知识经济时代的地位和作用都缺乏应有的认识，因此我们更要深入探讨，进一步加深对发展创意产业的重要性和迫切性的认识，把创意产业作为中国新一轮发展中的战略性支柱产业。

2. 积累创意社会资本，营造良好的文化氛围

文化创意产业发展不仅要积累创意社会资本，还需要创造宽松包容的文化氛围。宽松包容的文化氛围和创意社会资本的积累是中国走向创意社会的基础。创意社会不仅包括创意阶层、创意产业集聚群，还包括创意产品的消费者、各类相关的非营利组织以及相应的创意人才教育培训等。

3. 大力吸引文化创意人才，扶持创意阶层发展与壮大

现在中国发展文化创意产业最缺乏的就是人才。据统计，在国际大都市，如纽约，文化创意产业人才占工作人口总数的 12%；伦敦是 14%；东京是 15%；而目前上海创意产业从业人员占总就业人口的比例还不到 1%。当然创意人才培育并非一蹴而就，对未来中国创意人才的投资，需要强大的教育基础设施、富有创造力的教育新机制、鼓励终身教育的新政策、宣传提高全民文化素质的意义等。

4. 借鉴发达国家的经验，制定长远规划

目前，英国、新加坡、澳大利亚等世界上不少发达国家和地区都已经把创意产业作为一个新兴的战略性支柱产业，并相继颁布了创意产业发展战略，确立了创意产业发展的近期目标和长远规划，以此积极推动创意产业的发展，提高本国或本地区在知识创新时代的国际竞争力。中国政府于 2009 年 7 月出

台了振兴文化产业的规划纲要，决定在投融资、税收、进出口、人才培训等方面对文化创意产业的发展予以适当的优惠或政策扶持，同时制定并正在努力实施知识产权战略，以进一步加强对知识产权的保护力度。

5.出台系统的扶持政策，着力扶持文化创意中小企业的发展

过去我们工作的重点是扶持国有大型企业，大企业本身就占有较多资源，在市场竞争中有一定的优势。在同样的情况下，应该去扶持从事文化创意的中小企业。例如，NBA每一年的选秀，是成绩差的队伍先选，成绩好的队伍后选，目的就是让每个队的水平差不多，而不是拉得很开。如果强的很强，弱的很弱，比赛一边倒，观众不愿意看，不利于球队的发展。只有大家水平差不多，才会有竞争。而我们总是把距离拉得很大，结果大的反而不强，没有什么好的产品。在这次金融危机中，政府把很多钱都投给了央企，结果央企都去炒房地产，标王都是央企。所以我们的重点应该是扶持从事文化创意的中小企业的发展，特别是在创业期间，要给予大量的资助。另外，文化创意产业强调的是多样性创新，中小企业投入少，基础薄，获得的资源少，创新能力比较弱，更加需要政府的扶持。

从当前中国文化创意产业发展趋势和政府对该产业积极支持的态势看，中国的文化创意产业必将迎来一个快速发展的时期，并推动其他领域的经济创新，引领中国经济走出困境，走上科学发展的康庄大道。

从历史上看，一批新兴的文化创意产业总是出现在每一场金融危机之后。20世纪30年代，大萧条之后，好莱坞走红了。20世纪70年代的石油危机，成就了日本的动漫王国。日本没有石油，全靠进口，石油价格猛涨，涨了十几倍，产业不转型，经济就发展不下去。发展动漫产业不仅不需要石油，而且创造的东西到现在还很受欢迎。日本在石油危机后出现的“Hello Kitty”到现在已经存活30多年了。20世纪90年代金融风暴后，韩国有了韩剧和动漫游戏等。虽然说这些现象的出现有一定的偶然性，但辩证唯物主义认为在偶然性中包含必然因素。现在到了2012年，金融危机之后，就要刮中国风了。为什么呢？2001年中国人均GDP才只有800美元，刚刚满足温饱，还谈不上发展文化创意产业。但是现在中国已经奔入小康，人均GDP已经达到3000多美元。另外在这次金融危机中，中国的地位大大提升。但反过来思考，中国的很多文化遗产都被外国人拿去用了。花木兰、熊猫被美国人用了，《三国演义》《西游记》被日本人做出了许多动漫游戏，端午节被韩国人拿去申请世界遗产，中医文化也被韩国人拍了部《大长今》。过去中国可能实力还不强，而现在中国有这个能力了，要抓住时机，推动文化创意产业的发展，不仅让中国尽快走出危机，而且让全世界刮起一股巨大的中国文化风，中国创意风！

第三章 创意管理学

案例与分析

创意管理

——印钞厂的管理新门道

美国国家印刷厂位于华盛顿市西南区第 14 街，从每星期一到星期五，上午 8 点半至下午 2 点向公众开放，不收门票。参观时可以提各种问题，有专人为游客解答。同时，在那里 24 小时都可以进行电话查询。参观的入口处设在印刷厂的后门，进去后是一条装饰豪华的长廊，长廊的墙壁边陈列着一排一尘不染的玻璃柜。有的玻璃柜中放着雕刻印刷钞票的铜板及各种工具，还有已经雕刻好的美元铜板模型；有的玻璃柜中陈列着美国历史上印制的各种钞票、邮票和白宫的各种请柬。过了长廊，上了电梯，拐几个弯，就会看到一系列的长条玻璃窗。游人低头从玻璃窗望去，印钞车间一排排的机器，正在不间断地印着各种面额不同的钞票。每次印一大张，其中有许多小张的钞票。印好了大张就输送到另一个房间，由专家用精密仪器检验钞票是否有印错的地方或有色彩的问题。当一切符合标准后，才送到另一台机器上，将钞票一张张地切开。游人向机器房正在印钞票的工人挥手致意，他们也频频向游人点头答谢。在出口处，每一位游客可以花上几美分买上一包被切成一条条的碎钞票作纪念，还可以买到和钞票有关的各种纪念品。

分析该案例，印钞厂以下三个方面的做法值得大家借鉴。

一、印钞厂的创意旅游经济管理；

二、印钞厂的生产和物品展示管理；

三、富有创意的印钞厂工厂和游客的互动效益。

第一节　从创意产业到创意管理

今天，特别是我们正逐渐向“知识经济”发展的当下，知识管理对于管理者们来说，已经成为一个很重要的话题，在那里，隐性知识和文化被看做与包含着技术和产品的显性知识一样重要。创意在它自身之中拥有所有的属性，这不是必要的，甚至在“一个企业内”，在其所属行业中，比占有人才更为重要的是在其他方面承认和支持人才的能力，以及在更广阔的网络中知道从哪里能找到他们。

对于知识管理而言，就是使隐性知识逐渐明确化、有用化；形象地说，就是管理者们试图去“杠杆影响”公司的内部知识基础，确保公司建立在自己积累的记忆和经验之上，这种管理过程受到分析和管理信息的理论支持，也受到实际干预通信技术的支持。目前，大多数管理人员都意识到这些理论，并已经尽力把他们的业务纳入“学习型组织”中，确信业务内部的知识和想法可以和很多人分享。

我们要强调创意产业对于外部知识的管理。随着文化生产的分散以及整体供应链的分裂，知识也变得同样分散。产品和技术已不再是截然分开的而是自成一体。作为一个新的技术和文化的混合形式，产业和市场呈现出截然不同的发展样式。在这些复杂的事物当中，知道业务中的每件事不再是可能的，一些抱有消极悲观态度的专家就此认为，在创意产业中没有人会知道任何事情。知识已经不再是内部管理的商品，知识以崭新的形式出现在产品、技术和市场之中，充斥在消费者、合作者以及竞争者之中。更为重要的是，知识是通过新的“信息中间人”来操纵的，连接者立于组织和个体之间，想法和资源之间。这些信息中间人在网络之中是一个转换中心，在这里，全部系统的想法和结点被过滤和加工。

在这种情况下，面对面的交换思想和互相沟通成了常态。这种常态事件在小型的、非正式的群体中有时需要花费更多的时间和精力以达到沟通之目的。由于组织扩大和采用更正式的结构，这些非正规的交流和信任网络便向外扩展，随之，管理者们在确定沟通和连接的渠道中发挥了越来越积极的作用，管理者们必须向外部延长这个网络。由于缺乏亲和力，管理者们必须尝试自己重新创造那些人际关系。乍一听，大部分的“知识经纪”似乎是在浪费时间。一个对管理者而言的重大挑战在于认识到在沟通和相互协作中的生产潜能，而这些沟通和相互协作是不被即时任务和组织的需要所束缚的。在大众看来，围绕在创意和传媒业务周围的社会文化是自我放纵和缺乏生产效率的，伴随无休止的闲聊,聚会和“四处闲逛”。然而部分是因为正式的工作关系使创意的专业化被分散了,社会的相互作用为其提供了一个必要的沟通网络,在这里,新想法被交换,交易被完成。比如,我们在英国电影中看到的大多数业务都发生在酒吧、家庭,而不在办公室。从布鲁克林和曼哈顿的艺术社区到洛杉矶的聚会,同样也可以被看成是创意的热点,因为创意团队中的这些“多余”的中间人,一些看起来似乎是不必要和不相关的事情,都可能变得非常重要。

竞争对手也可以被视为潜在的合作伙伴,这是由于创意的系统挑战了对于管理角色的偏见。在网络中,一些同其他竞争者之间的关系似乎显得没有收益或很浪费,其实同其他组织和个人的联系与合作关系并不总是捆绑了战略目标和产出。新的想法产生于复杂性,组织内部以及网络中的复杂性是创新的必备条件。如果管理者们试图按照自己的战略目标调整网络,那他们必将会面对颠覆或者破坏支撑创意工作的连接和复杂性的风险。

那么管理者们能做些什么来支持创意系统呢?首先,“以人为本”的创意观认为创新的出现是突然的、自发的,这将导致管理者们把创意看做是招募和训练创意人才的问题,而不是组织设计的问题。设计这样一个招募和训练创意人才的系统成了管理的关键任务,能够跨接连接、鼓励人们交换意见以及在相互发展中共同合作。这种连接不是建立在创意过程本身,而是建立在过程之前就产生和发展的联系,需要管理者们积极主动地参与其中。比起试图控制或管理这个过程,管理者们必须使用他们的社会关系和“知识中介”的技能去开发网络中的知识和创意。这就需要对供应链管理和知识管理有一个更宽松、更少集中化的方式。

创意需要智慧的管理。管理的功能和创意的功能在创意系统观中是相融合的。两者在根本上都是通过个人才能、经验、技术和人群建立联系,在创新和产出之间建立联系。两者都是操纵和利用新想法。这是个附加值不断增加的过程,不再是一种“价值链”的线性方式,而是在个人才华、经验和观念创设的空间中,碰巧产生的一些有趣的方式。

管理者和决策者认为复杂性和分散性适合于更好的集中和效率,正如我们需要让杂草生长在花园里。因此,创意对于他们来说是特别的挑战。太多的新创意和集中的需要导致合作空间的缩小。另一方面,复杂性最终将导致一种新的规则——“自由的规则”。管理者和决策者必须找到更为微妙的、干涉的间接形式,并考虑以网络或系统作为他们的分析单位,而不是单独的组织。直接的干涉可能会破坏“组织”复杂系统有生产的可能性。对于管理者来说,特别是他们的沟通策略,一个需要优先考虑的重要问题是确保沟通没有成为太过明显的干涉意图。

我们不要只是看到那些创意组织闪耀发光的成功故事，而忽略了隐藏于背后的创意网络。创意的火花是通过多年默默、无形的努力，从非正式的社会关系和人际联合中产生出来的。如果仅仅聚焦于创意产业有形的成功，聚焦于那些创造了财富和就业机会的地方，就不可能设计出一个成功的战略。"高调的"个体和组织其实都是一张集体创意系统的公开面孔。创意组织通常根植于协作和非正式的、无报酬工作的横向网络之中，以及在供应和需求的垂直网络之中。就是这些关系和网络应该将关注点放在创意产业的政策和管理上，而不是个体天才上。只有通过创意管理，将创意产业升级，才能提升企业的行业竞争力，这是所有创意企业的必经之路。

第二节 创意管理是全新的管理

文化产业经营管理的核心内容是创意管理，创意经理人的核心能力是创意领导力。"创意管理"理论是文化创意产业理论建设的关键命题和重要基石，极有可能成为文化产业学科范式的基础内容。"创意管理学"极有可能成为文化产业学科建设的主要内容。今后，创意管理、创意经理人、创意领导力都有可能是创意学和管理学领域里的热门词汇。

早期，"创意"与"管理"两者无论是在西方的文化思潮中还是在中国的文化传统里，似乎都是风马牛不相及的。而文化产业的蓬勃发展使"创意"的马车套上了"管理"的缰绳，正是"创意管理"真正让"创意"成为"产业"。比尔顿(Bilton)博士是文化产业领域里一位难得的跨界学者。他曾担任华威大学文化政策研究中心主任，是《国际文化政策》期刊的编委，一直试图用跨学科的研究视角去关注文化创意产业的前沿问题和实践困惑。比尔顿在文化产业的背景下重新定义了创意："创意要求我们做或者想新的东西，或现有元素的重新组合"，这就是创新；与此同时，"新点子还必须有用，或有价值，具有合乎目的的适用性"，这就是价值。所以，"创意"就等于"创新"加"价值"。在比尔顿看来，创意管理就是要针对创意所依赖的两个标准——"创意必须产生出新的东西；创意必须产生出有价值或有用的东西"，使创意实现。由于对创新及其价值的判断是取决于某些特定的文化背景、区隔界限或参考系统的，因此对创意进行管理就显得理所当然，而且势在必行。

最近十多年来，文化产业和创意产业学科建设的范式构建成为了中国乃至世界文化产业的学术同仁致力追求的目标。在中国，文化产业的概念主要来源于两方面：一是源于英国的"创意产业"定义，主要是指传媒、音乐、电影、美术等，基于个人的智慧和技能在商业环境下变成知识产权，从而带来潜在的就业和创造财富的行业；二是源自联合国教科文组织的“文化产业”概念，得益于产业价值链，把文化生产分解为创意、制作、传播和消费等流程。可用产品的推动模式来理解，只是说这种产品是一种精神产品，满足的是精神消费需求，文化产业是生产精神产品的行业。近几年来，这两个定义逐渐出现了融合的趋势。北京、香港和台湾都开始沿用“文化创意产业”这样一个名称，来表达“创造性”“文化资源”等文化产业一些关键性的特征要素。创意是一种文化要素，这种文化要素包括了知识、信息和创意，以传统文化资源为根基，只有在文化产业的价值链框架下考虑才有商业意义。所以，无论创意产业，还是文化产业，或是文化创意产业，在本质上都是一致的，都具备三个特点：有创造性，生产符号价值、象征价值，形成知识产权。文化创意产业与其他产业相比，最主要的差异就是精神消费，它的产品都是精神产品。当然，任何产品都包括了物质价值和象征价值。例如，我们常坐的椅子，首先它满足坐的功能，它的物质价值就是直接的。但随着时间和空间的改变，它不断增加象征价值，具有了收藏意义。又如，同样是手提包，功能、材料和加工工艺都是一样的，但是有“路易斯威登”商标和没有“路易斯威登”商标的手提包的价值差别就相当大，这个差别的价值就是象征价值，满足的是精神消费需求。因此，文化产业就是通过创意让文化满足了人的精神消费需求，这是人在满足物质需要之后的高级需要，使文化成为一种生产力。从这个意义上看，文化创意产业能通过创造象征价值从而提升产品的附加价值。

一、创意管理的概念

（一）管理

管理(manage)是社会组织中，为了实现预期的目标，以人为中心进行的协调活动。管理包括下面四个含义。

(1)管理是为了实现组织未来目标的活动。

(2)管理的工作本质是协调。

(3)管理工作存在于组织中。

(4)管理工作的重点是对人进行管理。

制订、执行、检查和改进是管理的核心所在。制订就是制订计划(或规定、规范、标准、法规等)；执行就是按照计划去做，即实施；检查就是将执行的过程或结果与计划进行对比，总结出经验，找出差距；改进首先是推广通过检查总结出的经验，将经验转变为长效机制或新的规定，然后针对检查发现的问题进行纠正，制订纠正、预防措施。

目前,国内外管理界对于管理的涵义公认的观点是:管理是一个过程,是管理者让被管理者与自己共同去实现既定目标的活动过程。

因此,管理是一切组织活动所不可缺少的要素。在管理过程中,管理者必须合理分配和利用组织资源(包括人力、物力、财力、时间、信息),通过计划、组织、人员管理、指导与领导以及控制五项职能,发挥、提高组织管理功效,使组织为实现既定目标而努力。

(二)创意管理

1.为什么要提出创意管理?

创意管理是企业文化对创新的要求,推动以文化创意和技术创新为主线的全体员工创新是各企业落实发展战略、转变增长方式的关键举措。

2.创意管理的定义

我们认为,创意管理是对创意文化的产生、拓展并使创意文化进入产业化和市场化的管理。我们将创意管理定义为将创意转化为创新的过程。采用创意管理方式可以激发企业员工产生创意,并将其进行整理和提炼,最终应用到实际工作中。创意管理要求做到以下四点。

(1)激发全体员工创新意识,充分利用员工的智慧。

(2)员工得到尊重,发挥更大的积极性。

(3)迅速将创意应用到实际工作中。

(4)促使创意管理持续。

二、创意管理的八大法则

创意管理法则的重点是"突破"。所谓突破,是指起始于解决问题的冲动,随后以全新的方式表达出来,获得支持或接受,并能改变社会中既有的行为模式,使问题得以解决。下面提出的创意管理的"八大法则"虽不能保证创意的必然出现和突破的必然产生,然而企业或组织的领导人若能遵而行之,应该可以促使创意的涌现。

(一)树立目标

一个企业或组织若要确保其创新能力持续地扩张并能保持常青,就需要持续不断的新想法。如何确保新点子源源不断地涌出,这是领导人首先要关注的。

作为领导人,其主要任务是自己出点子,保证同事和下属出点子,并使各种点子得以实现。只有这样,才能确保其服务的机构可以不断地发展壮大。然而,新点子来之不易,确保新点子能源源不断地涌出更是难上加难。领导人要完成这任务，首先必须树立奋斗目标，这是创意管理八大法则之首。要使目标变成现实，又需注意以下八个方面。

1. 目标坚定，锲而不舍

可能有人认为，创意是心灵的产物，坐着苦思冥想或是胡乱猜测就能够产生创意，其实不然。要涌出创意，就得树立目标。凭借目标的引导，创意思想者就可以具体地陈述他们所要解决的问题，设计出他们认为可解决这些问题的方法、方式或组合，如果经试验证明这些方法或组合是可行的、有效的，就全力推销和生产，以造福人类。

要想实现突破，创意思想者对目标不舍不弃地追求是关键。例如，3M公司(Minnesota Mining & Manufacturing Corporation)的便利贴，花了傅莱(Fry)等人前后15年的时间，才最终成功生产和投放市场。成功需靠“点子”，“点子”需凭目标，再加上朝着目标作不离不弃的奋斗，成功自然出现。

2. 善于扬弃，适时舍弃

既要坚定目标，又要善于扬弃。当在办事过程中出现错误的时候，就算再有计划，也不一定能成功。在这种情况下，个人就要对目标作出适当的调整，以图达到某种程度的成功。这就是说，创意者对目标除要有坚定的信心外，对不能达到目标的一些假设和想法，应有勇气扬弃，不要再在上面纠缠不清，而应回归原点，重新出发，以免贻误新的意念的出现。

3. 不满现状，勇于向前

好的创意的出现，通常要靠着一点对现状不满意的冲动。因此，创意人应时刻保持对现状的批判态度。例如，1962年，JVC在高柳健次郎的领导下，制造出了第一台电视机，并举办了世界第一场电视秀，为日本乃至全世界开启了电视工业。但高柳健次郎并不以此为傲，而是和公司的一批年轻工程师策划开发家用录像机。这批工程师经过多年艰苦工作，终于在1976年推出了VHS制式录像机，击败新力推出的Betamax制式，使VHS制式成为录像机的公用标准，雄霸录像机市场多年。由此可以看出，不满现状成为了推动企业持续兴盛的“维生素”，而不是像我们通常所认为的会成为使企业生产能力下降的消极因素。

4. 不甘落后，敢于创新

创新的泉源或令人进行创意的激素来源于不服气。上文的例子中，JVC以VHS制式击败新力的Betamax制式，充分显示了这一创意激素的效力。所谓不服气，书面一点的说法是不甘落后。就是因为一群工程师的不服气，促使JVC开发出VHS制式击败录像机巨人新力。1970年，新力开发出一种名叫“U制式”(U-Matic)的录像带匣，使录像带不再接在松动的卷盘上，也不需要穿过好几个磁头，当带子在录像机内跑动时，滚动条可以一边放映，一边卷带。新力在录像带匣上的发明，不能不说是一种突破，不仅被多家传播放映机构采用，其出产的适用 3/4 寸带子的录像机也大受欢迎，大家都认为家用录像机的市场，已是新力的囊中物了。但 JVC 的录像机开发小组领导人，白石勇磨和高野镇雄却不甘多年的努力就此作废，更不愿就此认输，在没有得到公司管理高层的批准下，私下里聚集了多位有志的同僚组成一支地下研究小团队，夜以继日地全力进行开发工作，最终成功地开发出 VHS 制式。JVC 的 VHS 制式和新力的 Betamax 制式都是跑 1/2 寸带子的。不过，VHS 制式所行走的是两小时的带子，而新力所能行走的只是一小时的带子。就是以这一点点的优胜，JVC 的 VHS 制式全面占领市场，成为家用录像机制式的首选。

5. 以我为主，走出自我

跟着别人走，对于具有强烈创意的企业家来说，即使有很好的成功机会，他们通常也会不屑为之。对他们来说，踏着别人的脚印前进，总没有走着自己开创的道路那么有成就感和满足感。此外，假如企业的产品是开创性的，在成功获得市场后，除了赢得好名声，还可因抢占市场先机而占尽优势，为企业带来源源不断的利润。

6. 敢于突破，善于应变

大家都知道，意念新、点子新是创意的核心要素。要做到这样，领导人一定不能被已有的条条框框所束缚，应摆脱旧有的想法和概念，才可能有突破的意念走出来。但是，只有新意念并不保证新的产品的生产，要把意念变为事实，领导人还需有不按固定计划办事的勇气和决心。例如，新力随身听的成功就是一个好例子。开发随身听，源自新力高层不按“本子”办事的做法。他们的成功所倚靠的就是不受条条框框所制，天马行空地发挥想象力，并有勇气把意念付诸实践。同样，联邦快递创办人史密斯(Smith)也是因走这一路线而获得成功的。史密斯年轻时服役于越南，曾目睹许多士兵因指挥官不能变通原订的作战计划而枉送性命。他也看到过一些小兵临危不乱，不受制于计划，凭机智，运用手边的工具完成任务，或带领其他人脱离险境。所以，当史密斯创办联邦快递时，他所聘请的职员都是具有高度应变能力，不受制于固定计划的高手。通常强势型的领导人，都有着高度的组织、策划和决断能力，不会画地为牢而受制于计划和已定的策略。

7. 留有退路，多做预案

任何个人无论心思如何细密，任何事物无论计划如何周详，总可能会有意外，出差错。因此，聪明人除能弹性变通之外，还应早备后招，制订多个后备方案，以便应付不能预知的事情。

8. 创意适时，创新适度

如前所述，意念新、点子新和不受条条框框所限是创意出现的先决条件。但是，在执行过程中，领导人也要考虑这个点子是否适时，推出市场的时机是否成熟等，以免生产策略流于漫无章法，不能达到预期结果。这就是说，产生创意和推行其实现的方式可不受条条框框所制约，但量度成果和计算进度的计划仍是必不可少的。

(二)掌握信息，力求主动

领导人树立目标并为其实现而奋斗，固然是关键，但新点子决不会从天而降。例如，1970 年，日本新力公司发明了“U 制式”的录像带匣子，并由此出发而生产出了 Betamax 制式的录像机，把录像活动和欣赏录像带的娱乐带进普通的家庭里。但是，新力并没有因此而取得录像机这个市场的霸主地位。掌控这个市场和制式标准的是比新力规模小得多的 JVC，它以 VHS 制式取得录像机市场的霸主地位。虽然 JVC 的企业规模不大，但也曾雄踞音响产品市场一时。然而在 20 世纪 50 年代至 70 年代的 20 多年间，它无论在生产或营销上，均出现严重滞后的情况。这情况要到其创造出 VHS 制式录像机后，才扭转过来。它的成功，应归功于公司产品研发部门的主管工程师高野镇雄及其部属白石勇磨。高野镇雄和白石勇磨两人的制胜方式很简单，就是以顾客为尊。制定产品标准时，处处为顾客着想，使产品符合顾客的需要，从而赢得市场。“顾客为尊”的服务态度，不仅讨顾客的欢心，而且能从顾客处了解他们对产品的需求，这对解决产品的设计、生产、销售问题帮助很大。

我们所熟知的耐克公司，就是以为顾客解决穿鞋痛苦而兴起的。原来，自现代奥林匹克运动会创始以来，运动员经常抱怨他们所穿的鞋子伤害了他们的足部，这使他们产生了极大的痛楚，要求制造商为他们设计和制造较舒适的运动鞋。然而，包括阿迪达斯和彪马在内的运动鞋公司，对运动员的呼号全然不予理会。这些公司的设计师，只注重美观性和便于生产，没有想到为参加不同项目的运动员设计不同的运动鞋。包尔曼本是美国奥瑞冈大学田径队的教练，深知现有的运动鞋对田径运动员的影响有多大，决心制造可以保护田径运动员足部的运动鞋，使他们能发挥潜能，取得好成绩。果然不久后，包尔曼制造出了他心中的运动鞋，并找到一些田径运动员试穿参赛，效果不错。逐渐有不少运动员慕名拜访包尔曼，请求他为他们制造鞋子。后来包尔曼和学生耐特合作创业，成立了蓝带运动用品公司，后易名耐克公司。经一段时间的努力，他们终于成功地建立了耐克品牌，雄霸运动鞋产品。耐克公司的成功，关键在于掌握了有效的顾客信息，并能不时地应顾客的需求而作出改良，使产品永远符合顾客的需求。据说，耐克公司不仅聘用对运动有认识的人当推销员，而且要求他们经常不断地和教练、选手们作亲切的交谈，聆听他们对运动产品的意见和要求，并向公司报告，使公司能接收到顾客对产品要求方面的有关信息，保证公司出产的运动用品能不断更新，以符合顾客的期望和需要。事实上，耐克能有今天的地位，与其在设计上不断满足顾客的需求是密不可分的。

(三)有效领导，追求效益

仅仅管理企业事务，确保员工把事情做对已不能完全涵盖当代经理人的全部职责，他们还须领导部署，使员工做正确的事，即管理不仅是使员工把事做对，而且更是使员工做正确的事。管理人当然有职责把其部属组织成一支有效率的生产队伍，但这是不够的。

事实上，有能力的经理人除了能组织一支有效率的生产队外，还能使他们在极少的监控下，自觉地和自动地作出有效益的生产活动。这就是说，在经理人的有效领导下，生产队伍的成员是会自觉地完成任务的。近代管理学有一重大课题，称“管理是领导非督导”，即有效益的生产只可凭领导来达到，而督导仅能达到有效率的生产。“有效益生产”和“有效率生产”相比，前者包含了“多、快、好、省、正”五大优点，而后者仅包含“多、快、好、省”四个优点。这里所说的“正”是指“正确”。生产正确是很重要的，因为“有效率生产”若走了歪路，为企业带来的将是无可补救的灾难。因此，近代管理学均强调“有效益生产”的重要性，并指出督导的某些不足。

(四)尊重人才，容忍失误

众所周知，一家企业要想成功，主要看人才储备是否足够，他们对企业的忠心度是不是处于高水平。要储备人才，就要有良好的待遇、训练和有效的迁调制度；要让员工对企业忠心，就须欣赏他们的才华，并给他们提供职业安全感。换句话说，企业除要建立良好的人事制度外，还须不时地让员工知道企业会向他们提供职业保障、生涯安全感；企业会实践珍惜人才、容忍失误、团队合作等制度，对具创意、能创新的员工予以信任，并给予适当的授权，让他们去实践其创新的想法。

(五)积极狂热，敢想敢干

这里所说的积极狂热，是指企业管理人或负责创意的人员，要有坚定的决心和狂热的行动来追求目标的实现。积极，指对实现目标的态度是正面的，且该目标的实现对企业具有正面的意义；狂热，指为了达到目标的实现，有关人员应有勇气顶住最高管理层对创意行为所做或将会做的负面决定。

我们必须做个狂热分子，以防止兴趣的减退乃至消失。3M公司的傅莱等，在成功开发便利贴前，曾遇到不少高层阻力，包括停止拨款研究等。在研制便利贴的15年中，他们并未得到管理高层的支持。事实上，他们对其目标产品开发出来后，有什么用途或有什么人来买也说不清。为了维持兴趣，他们狂野地顶住从管理高层来的压力，用15％的工作时间来开发新产品。最后，他们终于成功了，并且为3M公司带来巨大的利益。

容许员工做出积极狂热的事情对一个企业来说是重要的。有创意、能创新的人虽然都不喜欢听命行事，但他们都是有着高度自律与独立管理特质的人，他们都知道应在哪里适可而止。所以企业不应该因为他们的狂野行为而压抑他们，这样做的话，会消灭他们的创造力。而摧毁员工的创造力，对企业说来，肯定也是毁灭性的恶果。

(六)培植“知产”，轮调培才

前面讲到的珍惜并尊重人才法则和这里要讲的培植“知产”，两者是密切相关的。培植“知产”是指企业在培养人才方面的政策、规划和实践等。它们包括通过训练课程和职务轮调等方式，给员工延伸知识和培养员工应用这些知识于实际环境的能力。通常情况下，愈具备广博知识的员工，其创新能力就愈强。再者，受到栽培的员工一定会心存感激，只要企业能留住他们，终有一天，他们会将所学贡献给企业。

另外一种有效培育人才的方法是轮调培才。通过把员工轮调到不同职位或部门工作一段时间，员工便可具备多方面的工作能力，或至少可让主管找到其员工在某方面的特殊才华，使其有机会发展所长，为企业作出最大的贡献。然而，轮调培才制度的目的旨在发掘和培养员工的才能，而不是摆主管威风。若滥用或误用这种制度，让喜欢操控他人的主管多一项可作威作福的武器的话，倒不如不实行。

(七)品管质优，注重声誉

企业在生产程序中，运用一切方法，包括通过品质控制及激励员工对作业的拥有心，保证生产的质和量达到“零坏”的标准，这就是所谓的品管质优。这样，不仅会为企业节省成本，而且还会为企业带来声誉和顾客。例如，丰田汽车能在20世纪70年代崛起的原因很多，然而最主要的原因就是能始终贯彻“丰田生产制度”。这个制度主要是由大野耐一在丰田汽车厂“当政“的30年中发展起来的。该制度主要包含了三个子制度：及时化、“看板制”和“品管圈”。

及时化和“看板制”主要都是在管控零件的库存量和供应量，既避免企业库存过多的零件，又保证有足够的零件可及时供应给生产线。“品管圈”则是以在线的工人组成品质管理小组，主动讨论有关生产方式和提出产品质量的改善方法。品管质优是一种优良的制度，使企业得到名誉和收益。然而，若把它仅仅看做一种制度来推行，肯定是不会成功的。大野耐一把这种制度视为一种文化，一种使工作人员以产品数量和产品质量都达到巅峰为荣的企业文化。要到达此境界，就必须尊重工人，使他们有高度的自尊心。只有具备高度自尊心的工人，才会视生产为他所拥有，产品是他热情的结晶，只有这样，他才会不断思考以更好、更多、更完善的生产技术方式来制造或处理这个结晶。也就是说，要让工人在生产上有创意，就必须培养自尊文化。当工人有自尊心时，他也就会视生产为事业，视生产高质量的产品为努力的目标。当这种文化得到有效整合后，又会鼓动工人们不停地开发新点子，创意便会源源不断地涌现。

(八)营销有道，拓展顾客

把生产的产品销售出去以赚取利润是一家企业的最终目标。企业赚了利润，职员才能得到相应的分享，他们不仅会心存感激，还会不断思考如何为企业的产品增添新意，使产品销售得更多，使企业的事业前景更好。

营销成功的方法不外乎以下三招：产品对象普及化、价廉物美和有效行销。所谓产品对象普及化，就是要把产品的顾客群扩大，愈大愈好。能使顾客群扩展到不分国界、阶层、学识、信仰和种族等，那么，成功必定指日可待。使产品普及化的方法很多，其中最主要和有效的是确保产品易于使用、选购容易和维修支持充足。价廉物美的道理最浅显，大部分的顾客都会选购便宜、好用、素质优、款式美的货品。此外，好的产品要有好的营销策略和好的营销人员，否则光有好的质量或便宜的价格也是没用的。

第三节　创意管理是开放式的管理

在经历了从传统的“封闭式创新”到互联网时代的“开放式创新”，越来越多的企业在寻找新的发展模式。

一、创意管理者的开放精神

在此，我们通过宝洁的案例来说明开放管理的成功之道。

宝洁——推倒实验室的围墙。①

① 林海：《宝洁：推倒实验室围墙》，《经营者》2009年第4期。

(一)借助外力“联合研发”

如何能使看似简单的唇彩持久闪亮是个困扰宝洁许久的问题，努力了很久宝洁依然没能找到解决的办法。于是，宝洁向外界发出了求助讯息：如今的唇彩一般一次只能维持1—2个小时的闪亮，若要实现4小时以上的闪亮，需要某种新的材料或工艺。而新材料或技术应满足以下标准：长时间持久闪亮，不影响感觉，便于涂抹。

类似的求助信息在宝洁“C＋D”的中文网站上已达到上百条。“现在，宝洁50％以上的创新都来自外部力量”，宝洁大中华区“联系与发展”部门经理金浩芳博士说。宝洁将这种方式称为“开放式创新”，而“C＋D”网站就是其中的一个实现路径，这一网站的中文版已于2009年3月26日正式开通了。

宝洁CEO雷富礼(A. G. Lafley)试图打破企业围墙，使宝洁从传统意义上的产品“研发”走向借助外部力量的“联发”，这是一次大胆的尝试，而宝洁也希望能借助互联网凝聚社会的智慧，通过“开放式创新”来打破公司的创新困境。

(二)走“开放式创新”之路

金浩芳于1997年加入宝洁。之后的两年，她在亲身体验宝洁研发实力的同时，也时常感到公司在创新方面还有很大的提升空间，因为内部有大量的研发成果还未转化为上市产品，许多专利有待充分利用，研发潜力也没有被充分发掘。

哈佛商学院教授克莱顿·克里斯坦森(Clayton M. Christensen)的著作《创新者的困境》在这一时期出版了。克里斯坦森认为，越是成熟的大企业，越容易被新进入市场的小企业逼上绝路，并最终陷入困境。这一观点令金浩芳产生了担忧，许多宝洁员工也与金浩芳有着同样的感受，但苦于找不到解决问题的途径。

雷富礼于2000年宝洁正深陷困境时被任命为宝洁公司新的CEO。雷富礼上任后，首先就是大刀阔斧地整顿宝洁的研发部门。摆在雷富礼面前的是：要么重整研发部门，让宝洁拥有旺盛的创造力；要么削减研发成本。

对于公司的大部分高管来说，这是一个二选一的问题。但雷富礼却认为，可以二者兼顾。于是，他提出了“开放式创新”的概念，将宝洁的心脏——研发(Research&Develop)改名为联发(Connect Develop)，即打破公司围墙，联合外部松散的非宝洁员工组成群体智慧，按照消费者的需求进行有目的的创新，再通过技术信息平台，让各项创新提案在全球范围内得到最优的配置。

在雷富礼眼中，宝洁公司不仅拥有9000多名研发人员，他还把散落在世界各地的大约 180 万名研发人员也看做自己的员工，这样一来，宝洁就拥有了 180.9 万名研发人员。“企业外部也许恰好有人知道如何解决你的企业所面临的特殊问题，或者能够比你更好地把握你面临的机遇。你必须找到他们，找到一种和他们合作的机会。”雷富礼说。当时，他制定的目标就是到 2010 年引入 50%以上的外部创新，但是在 2006 年时，就已经实现了既定目标，并且，“由于从外部引入了更多的高端产品和技术思想，宝洁公司的研发成功率提高了 85%”。

(三)搭建创新资产集市，实现创意创新价值

宝洁遵循“C+D”的理念，遇到的第一个问题是：如何将自己的需求告知散布在世界各地的研发人员？一开始，宝洁找到一家类似于创意集市的网站，在上面发布寻找解决办法的信息，之后得到了回馈。这样做虽令宝洁获得了许多外部的创新方案，但宝洁同时发现，这种方法存在一些缺陷。因为这只是宝洁单项的、订单式的沟通，外部潜在的合作伙伴如果想与拥有庞大组织结构的宝洁沟通，渠道并不通畅。比如，外部的研发人员如果拥有一项美白面膜的专利配方，既想让这款面膜投入市场，但又苦于没有资金，并且不愿花太多精力在经营品牌上，那他应该怎么办呢？他又如何跟宝洁沟通呢？

因此，2007 年，宝洁建立了自己的“C+D”英文网站，这实际上相当于宝洁的创新资产集市。在这个网站，你可以浏览到宝洁的需求及创新成果。若手上的创新成果刚好符合宝洁的需要，便可以根据提示提交方案，并在 8 周内获得回复。在没有收到回复前，你可以随时登录系统查询方案的审核情况。这种模式一经推出，得到了积极响应。网站在上线后的一年半时间里，收到了来自全球各地的 3700 多个创新方案。

但是，这时宝洁发现，语言成为很多创新资产所有者参与“C+D”的障碍。于是，宝洁启动了多国语言的网站。“C+D”中文网站于 2009 年 3 月 26 日正式启动。“3 个月后，注册访问量已经超过 2 万，有效的创新方案达到了 129 个，其中不乏有望与宝洁达成合作的创新方案。”金浩芳说，她觉得自己的部门就像一个“创新猎头”团队，每一天，都会对创新方案进行筛选，并在承诺的时间内做出回复。而对那些满足要求的创新方案，再安排专业人员进行审核，并在遴选通过后与提交者确定进一步合作的细节。

金浩芳用了一组数字来描述“开放式创新”给宝洁带来的效益：从 2004 年到 2008 年，公司的研发投入虽然不断增加，而这些投入占销售额的比例反而从 3.1%降至 2.6%。

雷富礼带领宝洁除了在这个网站上征求创新方案外，也会出售自己的专利。雷富礼在 20 世纪 90 年代末宝洁的一次内部调查中发现，公司投入了 15

亿美元研发资金，研制出了约 2.7 万项专利，但其中只有 10%用在了企业的产品开发上。于是，雷富礼决定把那些宝洁用不到的好想法放到“创意集市”，让它们在合适的地方实现其价值，同时也能为宝洁带来可观的利润。“如果你正在寻找获得许可使用宝洁的商标、技术等其他创新资产的机会，登录这个网站，很可能就会找到和宝洁合作的商机，将共同的生意做到世界各地。”金浩芳说。

(四)“C＋D”模式下的全球协作

在这里，金浩芳还通过一个故事更加形象地叙述了宝洁的开放式创新。2005 年，远在美国的宝洁研发人员正在为纺必适(宝洁旗下品牌)品牌下的一款新产品的设计开动脑筋。出于重视环保的考虑，研发人员不准备用传统的塑料作为容器材料，而是倾向于采用竹木等自然材质。可是，竹制品的研发和生产制造并不是宝洁的强项。在“C＋D”的理念的感应下，宝洁开始到处寻觅竹木加工的解决方案和制造商，但这一过程并不像想象的那么容易。

主要原因有三点：一是竹制产品的含水率问题较难解决，容易受到原材料及加工存储环境的影响等；二是因为竹材料是纯天然的，纹理各异，外加手工制造，产品精度很难控制；三是宝洁对器具误差的规定是 0.5 毫米，这比普通一张纸还薄，并且，宝洁要求的量比较大，往往是几百万件，这种大规模生产对于小作坊式手工制造的竹制品企业来说是很大的挑战。

苦苦找了两年，宝洁还是没能找到合适的合作伙伴。很快，这一问题上升到需要寻求全球协作的高度。

宝洁广州办公室的一位员工于 2007 年 4 月通过阿里巴巴找到了远在浙江仙居县的“味老大”。在中国竹制工艺品行业中，产品精度的误差平均是 3 毫米左右。“味老大”的几万件批量出厂的产品标准误差是 1—2 毫米，这已经是非常难得的了。但是，宝洁的要求是 0.5 毫米以下，显然还存在一定的差距。在宝洁与“味老大”的多次协商后，“味老大”的工艺最终达到了宝洁的要求。

这显然是一个双赢的局面。现在，许多这样的故事正在宝洁上演。

二、创意团队管理的四个关键点

“双刃剑”可以形象地概括创意团队管理的全部内涵。管理得当，大家“拧成一根绳”，“三个臭皮匠抵一个诸葛亮”，事半功倍，创意将犹如滔滔江水，绵绵不绝；管理不当，不仅团队成员之间离心离德，分崩离析，而且事倍功半，创意也将日渐干涸和枯萎。创意团队管理应当重点把握以下四个要点。

(一)百花齐放,有差异才有火花

如何引导团队迸发创意呢?这就好像钻木取火前,必须找来不同的树枝摩擦生热;同理,企业必须聘用背景及研究方向各异的人才才能碰撞出创意的火花。比如,汇丰银行之所以一直在营销和销售方面很有特色,很大程度上就是秉持“创意摩擦源于团队差异”的宗旨,其营销处招募了来自化妆品、广告、咖啡、食品等非金融业的众多高手,为习惯左脑思考的传统金融业加料助威。

(二)“煽风点火”,先求广再求精

对于一个创意团队而言,要想避免行为模式愈来愈相似,就必须让成员有畅所欲言的机会。而“头脑风暴”是保持成员“个性鲜明”、充分发挥集体智慧、实现“1+1>2”的利器。比如,明基集团在这方面堪为楷模。在谈及一举拿下德国IF工业设计展10项大奖的秘诀时,设计总监王千睿透露了他的常用方法:先引导团队进行天马行空的水平思考,最后再垂直延伸。在实施头脑风暴时,切忌太早将创意归纳分类,否则多元性会不够。而如果担心成员的想法不够丰富,团队领导还应到处“煽风点火”。当然,点火之前,团队领导最好拟订大方向,免得创意太过发散,难以聚焦。

(三)去芜存菁,领导者的任务在挑选而非创造

作为创意团队的领导者,他们的主要任务是挑选创意而非生产创意。尽管讨论过程要假装比成员更加无厘头,但到了总结那一刻,一定要表现得比他们更精明。没有人相信,对唱片业一窍不通的前华研唱片总经理黄福瑞,可以在市场低迷的2001年,捧红S. H. E这组少女团体,为原本惨淡经营的华研唱片赚进大把钞票。实际上,成功的关键正是4年前的那场会议。会议开始,黄福瑞在白板上画了制造业常用的“鱼骨图”,并在鱼头写上“如何在两个月内捧红一组歌坛新偶像”,接着将员工分成3组讨论鱼骨图,规定“任何人都可以发言”“不能批评任何人的发言”,随后让每位成员轮流发表意见。身为会议主席,黄福瑞最后将白板上的便利贴分门别类,并淘汰不适当的创意,引导团队就主题达成最后的共识。

(四)与时俱进,适时安排创意课程

实际上,创意团队领导者应适时引进外部智慧及设计相关课程,为深陷任务的团队成员不断加油充电,确保创意的“保鲜”和“与时俱进”。美国皮克斯公司(Pixar)之所以能层出不穷地推出《玩具总动员》《海底总动员》和《超人特工队》这样的热门动画影片,和管理层坚持不懈投入很多时间、精力给员工进行培训密切相关。为了不断刺激员工日渐疲惫和老化的大脑,皮克斯的管理者不仅把员工送去上芭蕾课，鼓励他们玩乐器，让他们学魔术，还让他们上字体设计课。正是通过这一系列看似疯狂的培训，才使得皮克斯公司的创作激情和创作才华永葆青春，才使得皮克斯公司的身价陡涨，从 1986 年乔布斯接手时的1000 万美元飙升至 2006 年迪士尼购并时的 74 亿美元，谱写了一个惊天神话。

三、激活员工网络，重视创意联结

通常我们认为，开放式创新战略是企业的成功之道。也就是说，他们打败了那些依赖内部创新的对手。但是，近年来研究者发现，许多试图进行开放式创新的组织却遭遇了失败。他们试图解释其中原因，提出创意侦测者和创意联结者有效配合是激活员工网络、促进开放式创新成功的关键，而领导者往往忽视创意联结者的重要性。

今天，网络大大扩展了我们的信息量。创意侦测者表示，他们通过网络资源，譬如博客、论坛、搜索引擎等与新兴技术和发展趋势保持联系。事实上，网络资源对他们而言有许多多余的信息，识别真正新奇的创意是一个费时而复杂的过程。那么，创意侦测者被赋予什么要求呢？他必须辨别和确认来自公司外部的有效创意。此外，他要拥有公司外部的广泛网络、较短的组织任期、某一专业领域的高级学位，并且有对专业范围内新兴趋势的浓烈兴趣。领导者应该让他们有时间来观察外面的世界，鼓励他们参加外部网络活动，训练他们有效利用社会化媒体手段，优化外部网络，让他们参与才智管理项目，并肯定他们在创意侦测上的成功。

但是，仅有优秀的创意侦测者是远远不能达到开放式创新成功目标的，相对而言，拥有创意联结者的组织能够更好地促进创意转换为成果，创意联结者可以帮助激活整个员工网络。创意联结者要有这样的素质：有效整合多个概念的能力，将新知识与内部语言形式、内部同事联系起来的能力，有效促进组织成员采取行动的能力。此外，他们一般有这样的特点：广泛的公司内部网络，组织任期较长，喜欢帮助别人，在同事中有良好的信誉。领导者应如何促进他们的工作呢？尤其对于新上手的创意联结者，领导者要鼓励他们参与跨职能的项目和工作轮换，帮助他们与创意侦测者进行有效沟通，保证已确认的创意有效传达给合适的组织成员，检查他们的工作是否存在偏见或漏洞，让他们参与才智管理项目，并肯定他们作为创意联结者的工作地位。

创意必须传达给那些能够有效探索它的员工，否则就不能转化为创新成果。领导者必须认识到，开放式创新不仅仅意味着将新观点和新技术引入组织。网络通信技术改变了外部信息进入组织的方式和分布，但是管理创意侦测者与创意联结者仍然非常重要，因为二者的有效配合可以促进开放式创新的成功。

第四节　创意管理是自由式的管理

我们首先来关注一个案例。

连年列名“全美十大声望最佳企业”的3M总裁狄西蒙（DeSimone）在财星杂志上提供所谓“创意管理九训”，值得其他企业参考。

1.放飞梦想

3M技术人员非常自由，常会花上15%，甚至一半的工作时间做自己想做的事，公司也非常鼓励主管用“放任自由”的态度来包容下属。

2.共享专长

开发新产品遇上瓶颈怎么办？别急，救星就在公司里。3M鼓励每个员工充分利用和互享彼此专长。当然打破部门主义并不容易，但是它做到了。

3.重视新品

绩效的衡量，除了遵循销售额、市场占有率等传统的指标外，还要纳入创意的成果。例如，狄西蒙要求销售额的30%，必须来自新产品研发。

4.抢先一步

狄西蒙认为，最有意思的产品就是那种“消费者有需要，但却说不清这种需要的产品”，所以销售人员要善于与顾客互动，替顾客发掘需求，再把这种需求告诉公司的研究部门。

5.高调表彰

奖励成功的方法并不仅仅是红利或配股，利用同僚庆祝、高层表扬的方法来鼓励创新，不仅必要，而且十分有效。

6.及早说“不”

作为3M的主管们，认真看待属下的任何想法，能用一定用，不能用的也会及早告知提议的员工，让对方有机会把想法推销给其他也许会采纳的部门。

7.轮调海外

3M的100多位高层主管中，3/4都曾派驻海外3年以上，这样做不仅是为了拓展国际观，也是为了让主管学习用不同的方法解决问题，达到目标。

8.增加研发经费

不论经济景气与否，3M公司过去连续20年来的研发经费，都是只增不减的。

9. 自我节制

由于举债扩张的风险太大，务必谨慎才能保有足够的本钱提供员工追逐梦想、增加研发、做企业想做的事，而不必受制于银行等外人。

这里提到的“自由”是在一定准则范围内的自由。自由式管理，与羁束式管理相对，指规范仅对行为目的、行为范围等作一原则性规定，而将行为的具体内容、条件、标准、幅度、方式等留给管理者自行选择、决定而实施的管理行为。由于管理活动所涉及的情况纷繁复杂，规范规定得再详细也无法穷尽，因此，管理者必须根据具体情况，灵活运用自由衡量的权力，才能有效地行使管理职能。

管理行为的作出以管理者具有相应的管理职权为前提，管理职权依其在依法管理过程中自由衡量度大小的不同，分为羁束衡量权和自由衡量权两种。羁束衡量权的行使，其权限范围、幅度、行为方式、数量界限等都有明确规定，管理者只能严格执行，所以依羁束衡量权作出的管理行为，称羁束衡量管理行为。自由衡量的职权则是指管理者依管理规定，在制度范围、幅度、方式、数量的限度内，依据合理原则自由衡量、决定的职权，依自由衡量权作出的管理行为，称自由衡量管理行为。其实，自由衡量管理行为和羁束管理行为并没有十分严格的界限，后者也存在一定的自由衡量成分，而前者的“自由衡量”也并非绝对的“自由”，仍然要受到制度授权的目的和范围的“羁束”。

自由衡量管理行为就其概念内涵而言，既可能是一种通常意义上的具体管理行为，也可能是一种抽象管理行为；就其概念外延即发生领域而言，既可能是具体管理行为中实体上的事实定性、情节轻重和幅度之衡量以及程序上的时效、方式等方面之衡量行为，也可能是抽象行政行为中制定规范性文件之衡量行为。自由衡量权意味着，根据合理和公正的原则做某事，而不是根据个人的意见做某事；根据管理制度做某事，而不是根据个人好恶做某事。即其“不应是专断的、含糊不清的、捉摸不定的权力，而应是规定的、有一定之规的权力”。那么，管理者作出自由衡量管理行为应遵循什么规则呢？应当遵循“合理、善意而且仅为正当目的行使，并与授权制度精神及内容相一致”的原则，这一原则即当今创意管理普遍推崇的合理性原则。合理性原则具体包含以下几个方面。

1. 权利保护原则

企业管理是调整管理主体与员工之间的关系，而在管理关系中，两者的权利、义务具有不对等性，即员工处于被管理的地位，对于企业作出的管理行为大多数情况下必须服从。所以考虑到员工权利在企业面前的脆弱性，必须要体现权利保护的功能，否则管理合理性基础就会从根本上动摇。

权利保护原则对管理自由衡量权的行使有以下两方面的具体要求。

第一，促进员工合理利益的实现。管理者不但要对员工提供充分的保护，而且还应当为员工提供尽可能多的权益实现机会和福利保障。

第二，员工负担最小化。管理权力的行使有时必然要造成员工权益上的不利状态，管理者应当注意，要选择最小的侵害方式。

2. 平等对待原则

该原则是公民在“法律面前一律平等”的宪法原则在管理领域里的具体体现。平等对待原则主要体现在员工之间互相比较的层面上，它要求管理者一视同仁地适用管理制度，即同样情况要同样处理，不同情况则要区别对待。具体来讲分为以下两个层面。

第一，在同一事件中，不能因人而异、厚此薄彼。

第二，先后出现的同类事件在处理上要遵循先例。管理虽依时而动，但管理制度的统一性要求管理必须具有相对的稳定性，在行政管理活动中就要求遵循先例。当然，先例必须是在管理上能够成立的先例，否则，即便在实务中非常通行，也不能作为先例。

3. 比例原则

该原则的基本含义指管理者实施管理行为时应兼顾管理目标的实现和保护员工的权益，如为实现管理目标可能对员工的权益造成某种不利影响时，应使这种不利影响限制在尽可能小的范围和限度，保持二者的适度比例。自由与平等两者之间存在着永恒的张力，绝对放任的自由与纯粹的平等是不能兼容的。因此，自由和平等只能在相对的意义上才能和谐存在，而由这种和谐关系就产生了人们在涉及相互关系的行动中应当遵循的某种尺度，这种尺度就是比例。

比例是公平正义观念的内在标准，正如亚里士多德所说，“公正，就是合比例；不公正，就是破坏比例”。企业应采取与比例相一致的行动，而与此要求相适应，在自由衡量范围内，管理者的管理手段或措施与管理目的之间也应保持某种适当的比例，否则会产生不合理的结果。

4. 公正、善意、合乎情理原则

公正，它的基本精神是要求管理主体及其工作人员办事公道，不徇私情，在行使自由衡量权时要出于公心，做到“相同情况相同处理，不同情况不同处理”。善意，就是行使自由衡量权时，要出于善良的意愿，不是图报复。合乎情理，就是行使自由衡量权时，要合乎人们的正常思维，是出于一个正常人的通常考虑而做出的行为。

5. 不专断原则

合理考虑相关因素，不专断。相关因素，包括制度规定的条件要求、企业的准则、员工个人情况、行为可能产生的正面负面效果，等等。专断就是没有考虑应当考虑的因素，凭自己的主观认识推理、判断，任意地、武断地作出决定和实施管理行为，这是管理中要极力避免的。

6. 合乎目的原则

任何制度的制定，都有它的价值取向，那就是企业追求的目的。企业管理的目的当然是赢利。自由衡量权的行使如果偏离企业的目的，必然导致管理不合理，自由衡量权也就成了谋求个人私利的工具。有了行使自由衡量权应遵循的原则和标准，并不等于管理者都能遵循原则办事，也不等于自由衡量权不会被滥用。因此必须充分发挥所有监督主体的作用，强化管理监督主体的职能，使广大员工共同行动起来，形成浩大的声势，使管理自由衡量权的行使置于广泛的监督之下，从源头上规范管理自由衡量权的行使，使其合乎企业的目的。

第四章 创意人才学

案例与分析

创意中国呼唤创意人才

1. 资源有限，创意无限

早在20世纪90年代，英、美等发达国家，以及韩国、澳大利亚等新兴国家便开始积极发展创意产业，并先后推出了“创意立国战略”。英国称得上是全球第一个推动创意产业的国家。1997年，英国政府首次将“创意产业”列为国家重要政策。因而，在10年内，英国相关创意行业的收入便直线上升，从6亿英镑涨到了上千亿英镑，从业人员从不到10万人发展到近200万人，年增长速度相当惊人。英国伦敦也荣登创意产业的世界中心。在全球范围内，创意经济每年创造220亿美元，并以每年5%的速度递增。1990年，美国最早利用“版权产业”的概念来衡量创意产业对美国整体经济的贡献；1993年，“创造性的国家”成为澳大利亚第一个国家文化发展战略，它力推创意产业概念；1997年，英国设立创意产业专职小组，将13个产业确认为创意产业；1997年，芬兰组织“文化产业委员会”，打造最具竞争力经济体；1998年，韩国政府为了推动文化创意产业设立了专属机构——文化产业局，随后设立“文化产业基金”，为新创文化企业提供贷款；近年来，新加坡与中国香港特别行政区正在争夺“亚洲创意中心”的角色。

我国创意产业的发展同以上国家和地区相比，还存在很大的差距。据统计，我国有3300万家企业，其中商标注册仅170万件；我国有近6000万文化科技工作者，而其创造性论文作品在国际著名刊物上发表和被引用的数量还不如3000万人口的以色列；截至2004年，我国3000万科技工作者的专利发明被美国认可的也只有77件。“美国创意、日本设计、韩国研发、中国制造”一直以来是对世界新经济格局的一种描绘。

2. 中国需要自主创新

目前，我国把“全面增强自主创新能力”作为经济工作的一项重要任务，高校和社会也在创意人才的培养和需求上达成共识。上海成立的创意产业中心把创意产业划分为研发设计、建筑设计、时尚消费、艺术传媒、执行策划5类，尝试培育创意产品的产业平台和消费市场。但这些距离“中国创造”还很远，我国的创意产业还必须扩大版图，竞争IPR(知识产权专利)应成为我国各大创意企业的目标，“创意立国”应该推广为全民共识。只有将“自主创新能力”通过创意产业转化为生产力，才能把“中国制造”改写成“中国创造”，营造中国的核心竞争力。在知识经济时代，一场创意产业和创意人才的竞争已经开始，中国需要自主创新！

3. 创意人才需要创新培养

如果说创意是产品的生命，那么，具有创意的高素质人才就是创意产业的灵魂。创意人才不仅是产业构成要素的一部分，是创意产业从事经营活动的重要资源，更是产业核心竞争力的载体，是创意企业最大的财富。对于创意人才的培养，发达国家相当重视，如日本创意、创造学校已达5000余所，创意人才5000万人；美国创意人才也有3900万人。而我国，创意人才不到10万人，如北京创意人员数量在总就业人口数量中的比例不过千分之一，人才储备远不能满足创意行业的需求，人才数量相当匮乏。高等院校培养的人才是创意人才群体的主要来源，他们具有知识水平高，学习能力强，容易接受新事物、新观点等特征。目前，我国各大高校已意识到创意人才培养的重要性，如北大、人大等知名高校不仅开设了创意研究所，还在积极筹办创意学院，上海戏剧学院创意学院也已开始招生。随着创意产业的不断发展，创意人才的培养显得尤为重要，这就对当前的高校教育提出了更高的要求。当然，高校的培养只是基础教育，对于创意人才来说，不仅要有市场意识，还应兼备文化底蕴，更要具有创新思维能力。这是一个长期的理论学习与社会实践相结合的过程。这也昭示着一个不单纯以“学历”论英雄的创意时代的真正来临。

第一节　创意人才

人才是21世纪最宝贵的资源，创意人才是创意产业发展的核心资源。文化经济学家理查德·弗罗里达曾指出，创意人才是指那些从事“创造新观念、新技术和新的创造性内容”工作的人。他们是普通人群当中的特殊群体，在经济、文化、艺术等领域均有创意人才。他们的特殊性，在于比一般人的造诣更深，而且有创新之处。

一、创意人才的分类

创意人才既包括处于创意产业链上游的创意设计人员，如设计师、工艺美术家、画家、作家、创意策划人等，也包括处于产业链中下游，擅长将作品产业化的经营管理人才。[①] 按照创意人才的知识结构和能力的不同，创意人才可分为三类：创意设计人才、创意整合人才、创意经营管理人才。

（一）创意设计人才

创意设计人才一般是指本科或专科的设计类专业人才，他们除了掌握多学科的基本知识和专业基础知识外，还具备文化知识、专业表达、应用技能、审美素养和创造性思维等。他们尤其擅长专业基础、专业设计和专业理论知识之间的彼此衔接和整体规划，能运用专业表现技巧和表现手法将生活中各种创新创意思维和想法快速直观地设计出一套创意方案，并能够解决实际问题。

（二）创意综合人才

创意综合人才一般指各种职业教育人才，他们除了掌握专业知识、专业技能外，还具备较强的实践能力和工艺制作技巧，能运用专业技能实现创意设计人才的设计意图。他们具备扎实的专业能力和实践操作能力，尤其新工艺、新材料、新技术的更新学习能力和技能的创新应变能力较强，并具有吃苦耐劳、严谨工作的精神。[②]

（三）创意经营管理人才

创意经营管理人才是指从事创意经营、推广、管理的领导型人才。由于创意的经营管理需要丰富的专业理论知识、较高的专业设计水平和长期的创意设计实践，更需要有丰富的人生阅历和社会经验，具有敏锐的洞察力，准确的判断力，对未来发展具有前瞻性等各项决策能力，以适应社会的变化与发展的需求。同时，创意经营管理人才是建立在创意设计、创意整合和市场运作基础之上的，应既懂得经营管理，又懂得创意设计，并能在创意设计、产品开发到投入市场整个过程中实施科学的管理，协调整个过程中各种突发状况以及不和谐问题。创意经营管理人才在运营过程中其工作职责主要应包括市场定位、

---

① 宋晓凰：《设计教育与创意产业人才培养研究》，东北师范大学 2009 年硕士学位论文。

② 郑桂玉：《创意产业背景下艺术设计人才培养的思考》，中国美术学院 2010 年硕士学位论文。

创意概念、设计形成、设计师选定、成本运算，以及产品推广过程中的市场营销、售后服务、衍生产品的开发等。

二、创意人才的素质要求

(一)创新能力

创新能力是民族进步的灵魂、经济竞争的核心；当今社会的竞争，与其说是人才的竞争，不如说是人的创造力的竞争。创意产业人才的核心能力在于创新，调查显示，有一半以上的企业认为创新能力是文化创意人才必备的个人能力。某游戏类企业表示："我们追求的就是'新'，如果员工的思维总是一成不变，那就只好'换血'了。"专家表示创意产业是在求新之中求得发展。当今世界经济一体化、文化多元化、设计本土化的倾向越来越明显，只有创意人才在设计过程中充分利用创新思维，才能保证创意设计有内涵，有个性。因此，创意设计人才应具备丰富的想象力，具有一定的文化内涵和可持续发展的潜能，才能设计出新颖独特的产品，或是对传统产品进行改造升级，创造较好的经济效益和社会效益。

此外，创新能力和灵活的思维密不可分。思维的灵活是指思路开阔、不拘泥、不刻板，能与事物发展变化的实际相协调，善于根据时间、地点等变化，灵活地迁移，从思路、意境、方法等多方面进行转换，多角度、多方位、多层次探索和解决问题。创新是思维的舞蹈，是思维的火花。灵活的思维方式对于创意人才的创新能力最为关键。① 只有具备灵活思维的人，才有创新性，创意才能达到更高的水平。

(二)文化素养

创意产业是对各项资源实行创造性的开发，因此，要求产业人才具备较高的文化素养。一方面是创意人才自身要有所涉猎，需要广博的知识，不光要有书面知识，还要有生活常识。生活是最好的创意老师，更是创意的源泉。创意人才只有将自己融入生活中，才能获得贴近生活的灵感，才能创造出得到大家认同的创意。广博的知识是创意人才的基础，创意人才要把自己作为"杂家"，做到对知识的兼容并蓄，② 并且要知道各类资源开发对象相关专业知识的获取渠道。另一方面是创意人才还应该具有较强的专业知识，包括艺术、市场、心理和媒体等各行各业的知识，尽可能地向相关的专家请教"借智"，从而保证

---

①② 郑桂玉：《创意产业背景下艺术设计人才培养的思考》，中国美术学院 2010 年硕士学位论文。

创意作品在知识文化方面不出现错误。

（三）专业技术

现在的创意产业特征科技与文化结合得越来越紧密，当创意设计人员提出一种创意方案的时候，如何保证它的实现，就是一个专业技术性的问题了。作为创意产品整个制作过程的一个中间环节，专业技术就像“多米诺骨牌”中的一块，[①]如果专业技术不能保证创意设计顺利实现，整个创意也就失去了意义。

（四）综合素质

除了上述基本能力外，创意人才还需具备以下综合素质。

1. 沟通能力

沟通能力的重要性不仅体现在企业内部，还包括在产品推广的整个过程中。由于许多项目都是需要团队合作完成的，因此良好的沟通和表达决定了团队的成果，也影响着企业的效益。在市场推广的过程中，对沟通能力的要求更为严格。如何同客户保持良好的沟通，最终实现合作，这些都需要良好的技巧。

2. 悟性

企业所要求的“悟性”包括对新鲜事物的迅速理解能力，以及举一反三的能力。不少业内人士指出，相比其他行业，创意行业对员工自学能力和领悟能力的要求可能会更高。大部分公司人手并不多，每个员工的工作量都近乎饱和，新人只有靠自学不断提升自己。因此企业在招聘员工时，倾向于悟性高的应聘者。

3. 抗压能力

创意产业的工作强度偏大，尤其要以脑力劳动为主，因此企业更希望员工能保有良好的抗压能力。提高自身的抗压能力，是现代人的必修课。懂得如何释放压力，减轻工作压力带来的困扰，不仅是为了提高公司的团队效率，更主要的是能直接帮助现代人提高自身的幸福指数。

4. 忠诚度

虽然外界认为创意行业人才流动频繁是非常正常的事，但是许多企业表示在用工时还是会关注求职者之前的工作经历，对于跳槽过于频繁的应征者难免心有余悸，不敢轻易录用。创意人才从个人职业生涯规划来看，稳定和慎重是非常必要的。

---

① 黄芳：《文化创意产业人才特征探析》，《文史博览（理论）》2010年第6期。

第二节 创意人才的现状

一、创意人才构成分析

(一)创意人才数量匮乏,高端创意人才稀缺

与发达国家相比,我国创意人才的差距首先体现在数量上,发达国家创意产业所吸纳的就业人数在总就业人数中占有很高的比例。在美国纽约,创意产业的从业人员占所有就业人口总数的12%;在英国伦敦为14%;而在日本东京,更高达15%。相比之下,我国的创意产业从业人员的比例非常小,在总就业人口中所占比例仅为千分之一。①

同时,创意产业的快速成长,使创意人才的需求数量急速增加。但目前各高校对于创意人才的培养还处于初级探索阶段,尚未形成完善的课程与教学体系,不能及时培养出大量的创意人才,这也一定程度上导致了创意人才存在数量严重不足的现状。而受培养周期和培养能力的限制,高校所培养的学生一时还不能满足企业的需求。很多创意相关专业出来的学生普遍被企业抱怨为"没有创意",高端人才的缺乏就更不言而喻。目前,真正有影响力、号召力的大腕级领军人物还不多见。

创意人才严重缺乏,给创意产业的就业和利润增长带来极大困扰。创意人才短缺已成为创意产业发展和经济增长的瓶颈。

(二)创意人才结构性短缺

与创意人才数量不足相比,创意人才的结构性短缺问题更为严重。

首先,创意人才结构失衡。据统计,我国创意产业的从业者以设计类和编辑类等专业类职位居多,达到77.26%②,而创意策划、财务、管理、行政、教育等非专业类职位所占比例较低,不到三成。在创意人才结构性短缺中,从创意产业来看,最缺乏经营管理人才、创意策划人才和具有较高文化修养的高层次创意技术人才。

其次,创意人才素质结构失衡。创意人才应该是有创新能力、文化素养、

① 朱苏飞、任幽草:《文化创意人才能力建设的概念与思考》,《浙江传媒学院学报》2010年第4期。

② 杨燕英、张相林:《我国文化产业创意人才的素质特征与开发》,《中国广播电视学刊》2010年第9期。

经营头脑的人才。这些善于思考的人才，也就是会出点子的人才，是一切创意产业发展的核心竞争力。而目前我国文化创意产业中具备这样素质的人才短缺，创意人才中大多属于复制型或模仿型，属于创新型的高端原创人才极为稀少。比如，我国动漫业目前面临的一个最大问题就是原创型人才少。目前国内动漫市场上90%是欧美日韩的作品，消费者对国内动画片的需求少之又少。这种人才结构失衡导致企业原创性产品很少，核心竞争力不足。

此外，创意产业是文化、经济、技术的复合型产业，是专业知识与高新技术紧密结合的产业，要求从业人员不仅具备丰富的社科文化知识，还要有较高的技术水平和操作能力。但实际上，从业人员往往是懂设计的不懂技术，而懂技术的又缺乏设计思维，这种复合型人才的短缺也给创意产业的发展带来极为不利的影响。

（三）创意人才素质达不到企业要求

目前由于创意人才的匮乏，很多针对创意人才的培养如雨后春笋般涌现，这种快速增长很容易带来教学质量、学生能力与素质的问题。有的高校看到了创意人才的匮乏，也认识到培养创意人才的迫切性，但却操之过急，在没有了解现实需求的情况下"粗制滥造"，使创意人才市场呈现出一种怪现象：一方面，伴随着高校不断扩招，每年有更多的创意专业毕业生走出校门；另一方面，企业却总是抱怨招不到合适的人才，导致创意企业人才匮乏的问题没有得到根本改善。其素质的缺陷主要表现在创意人才缺乏创意能力和产品开发能力两方面。

1.创意人才的创意能力不足

创意产业是以人的创意为基础，通过对专业技术知识的开发和管理为社会创造财富的产业。创意产业的核心在于"创意"，而产生"创意"的核心力量是"创意人才"。创意人才不仅需要掌握较强的专业能力，而且要对社会文化有深刻的理解并能对之进行创意设计与开发。有学者指出，目前中国创意产业人才与发达国家的创意从业人员相比仍有很多不足，最明显的就是缺乏将设计与技术完美结合的能力。创意人才作为知识工作者，最为重要的就是要勇于创新。创意人才是创意产业最重要的产业资源，是推动产业发展的原动力。因此，创意人才的创意能力不足对创意产业的良性发展有着根本性的伤害。

2.创意人才的产品开发与市场管理能力不足

我国的创意产业人才多为单一的设计或技术人员，而不能够胜任产品的开发和管理工作。这将直接导致我国创意产业不能够挖掘到创意产品最大化的经济价值。创意产业的发展特性决定了其对于人才复合性能力的要求，他们不仅要具备广博深厚的知识和专业的技能，还要具备针对产品进行开发和管理的能力，通晓深层次挖掘创意产品经济价值的方法。

二、创意人才外部环境探析

(一)创意人才管理水平尚低

当前我国创意产业发展还处于初级阶段，大部分创意产业并不重视企业的人力资源管理，对创意人才的管理更是处于较低水平。我国创意企业管理仍然沿用传统的管理模式，重视绩效管理、人才招聘、培训、薪酬福利、人事档案与社会保险等方面的人力资源管理，而把员工发展、企业文化建设、队伍建设等人力资源高端模块放在不重要的位置，而且人力资源管理和开发手段单一，缺少专业方面的交流与研究。同时，由于企业决策层不能够意识到创意的重要性，对创意人才的设计方案作过多的干预，尤其是决策层过多担忧创意方案的市场效应，因而缺乏冒险精神与前瞻性，导致决策层与创意人才之间不能达成一致，使得创意人才难以施展才华，这是对创意人才的一种浪费。创意产业之父霍金斯在一次访谈中说："中国不缺创意人才和创意思想，在我看来，人人都是创意产业的一部分，每个人都可以投入到创意中来。我觉得中国创意产业面临的大问题是你们做事情的时候，过早地考虑太多的社会意义。在西方，我们认为这个创意思想或者产品不错，就投入市场，用市场来检验。但是你们通常只是希望自己的创意要确保和之前的策划合拍。"此外，由于决策层过多干预创意人才的工作，会使得创意人才不能甚至不敢表达自身的想法和创意，从而浪费大量好的创意，也降低了创意人才的工作积极性。

(二)创意人才培训缺乏新意

目前我国创意产业对创意人才过多地依赖引进，缺少培养意识。创意产业人才的培养与引进应是相辅相成的。只有在引进创意人才的同时，加强创意人才的培养，企业才能形成具有主干力量的创新团队，才能有助于创意产业的良性发展。但是，目前许多创意产业都只着眼于引进海外具有跨国背景的经营管理人员，忽视对企业、行业内部人才的挖掘与培养，导致用人成本大大提高；同时，更不利于本土创意人才的成长。此外，由于我国创意产业尚未具备独立的人才培养机制和系统，传统产业人才的跨行转业是创意人才的主要来源。有的企业甚至没有给创意人才培训、自我提高的机会。在高校创意产业人才培养方面，学校教育往往存在教学内容缺乏新意、实践教学机会较少、创意师资力量薄弱等问题。而企业内部的培训方式比较单一,企业培训的短视行为明显,他们往往倾向于实施与员工实际工作关联度高的培训内容。

(三)创意人才流动的失序状态

当前我国创意人才流动的市场化程度不够,存在非良性的“挖墙脚”现象。① 其一,由于创意产业信息的不对称和交流平台的缺乏,导致创意人才流动的市场化程度不高,很多优秀人才没有施展才华的舞台。其二,人才流动中存在非良性的“挖墙脚”现象。以中国的游戏企业为例,基于人才、资本等各方面的限制,中国游戏企业除了有限的几家大公司具有合理的人员培养体制之外,大部分中小企业基本上没有能力来培养人才,所以在游戏产业内,经常会出现一个企业的团队集体被挖到别的游戏公司的现象。这种现象在其他行业内也普遍存在。

第三节　创意人才的经营和管理

一、创意人才的经营

(一)人才招募

创意人才是创意产业核心竞争力的载体,如何招募到全面、优秀的创意人才,对于企业的健康发展至关重要。企业应广泛撒网,从高校、社会选拔杰出的创意人才。

对于招募高校创意人才而言,企业应根据人才资源的规划进行人才资源配备。招募包含招聘广告的发布、简历筛选、笔试、面试、甄选、录用、签约等环节。在招聘广告发布的环节,创意企业可以实行内外联合招募法,委托各类高校的就业部门、职业介绍机构、人才市场、门户网站等发布招聘信息,通过电子邮件、纸质简历等多渠道进行招聘。在简历筛选环节,应做到细致、认真,尤其是注重简历当中的细节。应了解这些高校毕业生的知识结构和能力结构,了解相关专业学生的就业情况,在评价他们学习成绩、科研能力的基础上,尤其要注重他们创意实践的能力,筛选出初步符合企业条件的创意人才。在录用及签约环节,创意企业应向拟录用人员如实提供企业的信息,如薪酬体系、福利待遇、发展空间等,做到坦诚真挚、诚信为本,让创意人才认识到这是一个人

① 杨燕英、张相林:《我国文化产业创意人才的素质特征与开发》,《中国广播电视学刊》2010 年第 9 期。

性化的企业，是一个能给他提供广阔发展空间的平台，从而避免毁约，激励创意人才更好地为企业服务。

此外，创意企业还应拓宽人才开发途径。创意人才不仅只局限于高等院校之中，还可能游离于学历教育之外，没有固定单位，是自由职业者。因此，企业人才的招募仅依赖于学历教育和在职培训是远远不够的。企业应站在人人皆能创意的角度，针对创意人才个性突出、喜欢自由的特征，广开途径，打破学历、资历和身份限制，广泛撒网，积极向社会招募创意人才。并且可以结合各种职业介绍机构招聘、利用各种高级人才市场招聘，等等。还可以通过举办专业竞赛、行业评比等多种形式的创意设计大赛给潜藏在社会的创意人才展示自我的平台。此外，还可以通过资格认证、猎头公司等方式深入发掘创意人才，并给予充分的礼遇和良好的待遇，从而为创意产业的蓬勃发展提供智力支持。

(二)人才引进

当前，我国创意企业面临人才资源匮乏、结构性短缺等问题，而高端创意人才和技术人才的缺乏更为严重。因此，对于具备一般创意人才条件的企业而言，加强高端技术开发和高端人才培养，积极引进境内外高端人才，为产业振兴提供强大的技术支撑和人才支持已刻不容缓。企业可以通过技术入股等方式进行引进，从薪酬、股份、发展空间等方面吸引高端创意人才；或者以项目形式进行合作，形式灵活多样，怎么方便就怎么来。以 CG 动漫产业的发展为例，随着《黑客帝国》《星战前传》《超人总动员》等一系列大量采用 CG 技术影片的上映，CG 行业在 21 世纪初有了空前的发展。CG 的魅力和其带来的效益从《蜘蛛侠》中可见一斑。此片当时票房收入 15 亿美元，但是其衍生产品，诸如书包、模型、玩具等周边产业带来的收入却高达 45 亿美元。这其中，很大一部分的贡献要归属于 CG 人才在产生强大视觉冲击方面所起的重大作用，正是这类创意人才的研究开发，才有 CG 行业兴起的可能性以及随之产生的高效益。因此对于有条件的动漫企业而言，可以考虑通过各种渠道适当积极地引进 CG 行业人才。

(三)人才培训

新知识、新思维是创意人才进行创意设计的基础，因此，创意人才需要不断更新知识结构，创意人才进入企业后的培训非常重要。企业应强化创意人才的培训机制，不断进行知识技能更新，提高创意人才的整体素质，向培训要效益，以培训谋求发展空间。

目前，我国创意产业不仅缺少原创性设计人才，还缺少创意生产的整合人才和创意的经营人才，即缺少擅长将创意产品“产业化”和“市场化”的人才。这直接导致了我们在文化创意产品的推广、衍生产业的发展、品牌的建立、价值的挖掘等方面都还很不理想。针对这些，培训工作应努力做好以下几个方面。

首先，要重视培训需求分析。培训需求分析是培训全过程中的第一个基本环节，也是整个培训工作的基础。由于不同岗位的创意人才的工作性质决定了他们需要较高的思维能力和创造能力，因此他们对培训课程的设置、培训师资的选择以及培训方式的运用都有着与一般员工不同的个性化和多样化需求。只有当企业充分了解培训是一种提供给创意人才的服务，以创意人才的需求为导向，并找到企业发展和员工发展的切合点时，这样的培训才能增强企业凝聚力，保持企业核心竞争力。同时，需要根据不同类型的创意人才的分工进行准确的定位，特别要以产业链为依据，明确他们在产业链上的不同职能，在遵循文化创意人才个人意愿的前提下，因才制宜，委托高校对这些人才进行深造和有针对性的培养，使得创意人才的知识、能力水平及其结构符合职务工作要求、绩效要求与企业发展要求。这有利于保证创意人才价值观与企业文化的高度一致，便于创意人才能力的有效发挥及企业综合能力的提升。

其次，要根据创意人才工作的不同特点而采用不同的培训内容，系统、科学地策划培训内容。不但要注重知识培训，更要兼顾技能与态度的培训。创意人才的培训内容包括五个方面：企业战略与目标、信息技术、企业体系化、能力培训、协作意识。这五个方面可以根据需要来选择培训的重点。对于创意设计人才来说，首先应当着手培养他们的创新思维和设计能力，同时也应该培训一些实践方面和经济管理类的知识，从而使其形成良好的创意生产观念，由“供给导向”向“需求导向”转变。对于创意整合人才来说，首要的是培养他们的实践能力、动手能力、市场意识和对创意产品的敏感性，其次需要重点培养他们的政策分析能力、综合思维能力。对于创意经营管理人才来说，要使其具备先进的经营推广理念，学会挖掘专门化的信息渠道并拥有成熟的市场开拓方法。

再者，要采取创新性的培训方法。创意人才具有较强的独立自主性，单向灌输式的培训方法并不能激发他们的兴趣，反而会阻碍他们的学习热情。企业应该积极创造有利于培训效果产生的学习环境和氛围。可以在企业内部请资深员工对于新员工进行培训，也可以聘请高校、其他企业、培训机构或者其他组织中的优秀文化创意人才对企业员工进行培训。从“避短”和“补短”的角度出发，不同类型的文化创意人才以木桶原理作为基本源，选择自己的弱项进行自主学习和培训。根据不同的培训内容，将互动式的学习方式（如情景模拟、角色扮演、课堂讨论、拓展训练等）与传统的培训方式相融合，贯穿于培训过程中，让创意人才可以在较为宽松的工作环境与氛围下充分发挥其主动性，积极参与到培训中。多样化的学习方式将会使自主意识强的创意人才感到是在“拥有”新知识而不是仅仅参与培训。① 企业在培训中适当采用多种培训方式，将会激发创意人才的创意积极性。

二、创意人才的管理

创意人才一般个性独特，因此也需要具有个性的管理方式。由于创意人才在个人特质、心理需求和行为方式上与一般员工明显不同，因而传统的人力资源管理模式不适合用来管理创意人才。调查结果显示，创意人才流动频繁，固然与薪酬水平、工作环境等因素有关，然而不可否认的是，相当多的人才是由于感到自身价值未得到真正实现而频频跳槽。因此，企业有必要认真探索针对创意人才的特殊管理方式。

（一）工作环境和企业文化

根据创意人才注重独立性、自主性的特点，企业首先要根据任务要求进行充分的授权，允许员工自主选择他们自己认为最好的工作方法。创意才能的发挥需要人性化和平等自由的工作氛围，营造宽松和谐的工作环境也是管理者的重要任务。相对于传统行业的工作人员，创意人才的工作时间无法估算。表面上看，创意人员也和其他员工一样按时上下班，甚至在上班时看起来无所事事，而实际上，他们的工作时间远比正常上下班时间多得多，他们常常把休息娱乐时间毫不吝啬地投入到创意工作中。因此，企业对创意员工的工作时间不宜做过分严格的管理和过细的指导和监督。以全球著名广告集团“奥美”为例，这家被很多人称作“创意天堂”的企业，针对创意人才喜欢自由的特点，从来都没有实行过打卡制度，更不会有因为员工迟到而被罚款的现象出现。此外，奥美的工作环境也能给人以轻松愉悦的感觉，这对于创意人才来说尤为重要。对于广告行业来说，创意员工每天在公司的时间很长，加班是经常的事情。奥美集团中国区CEO庄淑芬表示，为他们创造一个轻松、有格调、充满创意的工作环境是非常重要的。因此走进奥美，你不会觉得那是一个企业的办公场所。奥美的接待区和会议室都别具一格，每个房间都像独立的方盒浮动在空中。办公室的设计充分利用了镜子元素，延伸了办公室的空间感，加上灯

① 孟祥意：《创意人才的管理策略研究》，《中国商界（下半月）》2009年第10期。

光的照射，营造出一种叠层的超现实氛围。镜子在《创意学》一书中也曾被描述为激发灵感的主要工具。

创新是创意人才的主要工作，企业应创建有利于创新的文化氛围，充分发挥创意人才的创造性。企业主管应愿意接受新观念与新事物，且愿意承担创意人才创新的风险，接受员工的失误，鼓励员工多尝试。如此才有创新的氛围，才能激发创意人才的工作意愿和创新能力，才能使他们具有承担风险、当机立断的胆识。奥美办公室设有"零空间"艺术画廊，每隔三个月会更换一批展览作品，是一个非赢利性的展示年轻艺术家的绘画、雕塑及摄影等作品的平台。"零空间"画廊有专门的策展人员和布展人员，展示了奥美鼓励创意的无尽热情。画廊不仅是对创意产业的一个承诺，也是对支持创意的一个体现。同时，由于从创意理念的产生到创意产品的产生需要团体内部的多方合作来共同完成，因此，团队之间的友好合作也是创意成功的关键。作为管理者或项目负责人，需要营造一个团结的工作氛围。尤其在创意人才多数自视甚高的状态下，更需要管理者引导大家摆正心态，把积极性、主动性和创造力凝聚到更有价值的创意工作上来。

（二）绩效考核

对于创意企业而言，绩效管理是人才资源管理的核心环节。专家认为，创意人才的工作业绩较难衡量。创意工作是通过脑力劳动实现的，工作难度大，失败的风险大，而且一旦失败，所有的辛苦都将付之东流。此外，创意产品的价值很难在短期内体现，也难以衡量。因此，管理者应该和员工通过沟通的方式，将企业的战略、管理者的职责、管理的方式和手段以及员工的绩效目标等管理的基本内容确定下来，在不断的沟通中，管理者帮助员工消除工作过程中的障碍，并提供必要的支持、指导和帮助，与员工共同完成绩效目标，从而保证组织的远景规划和战略目标顺利实现。在考核方法上，要实施过程与结果相结合、业绩与能力相结合的动态绩效考核方法和模式。在项目开展前，管理者要明确质量标准及要求，认真听取创意人员的设想，在充分沟通的基础上制订合理的工作进度；在实施过程中，可以适当减少过程控制，通过协调各种资源，尽力发挥创意人员的主观能动性，有效保证创作的质量。企业可以设置项目创作奖，按季度发放，体现出对创作过程的激励；同时设置项目提成，按年度发放，体现出对创作结果的评估。在绩效管理过程中，文化创意企业需要把业绩考核与激励管理结合起来，对完成任务的员工进行激励，对未完成任务的员工予以批评或惩罚，把战略业绩指标作为设计激励方法、评价努力、分配奖励的主要基础。创意人才往往由于独特的个性和价值取向，经常会出现"供给导向"的错误倾向而忽视客户的要求。因此应该深刻认识到，创意产品的产生不仅是一种艺术创作，也是严肃的经营活动，不能以简单的艺术水准来代替绩效评价，必须在规定的成本、工期内完成项目目标，并准时结项，将产品及时投入市场，通过市场的反应来决定绩效。

(三)激励机制

美国哈佛大学教授詹姆斯认为：如果没有激励，一个人的能力发挥不过20%—30%；如果施以激励，一个人的能力则可以发挥到80%—90%。创意人才由于其自身文化水平较高，在企业内部具有较高的技术权威，但其工作特点决定其职位往往处于较低的级别，如果不采取合理有效的考核与激励机制，很难树立创意人员的权威，显示他们的社会价值。对创意人才的激励应更多地考虑其发展潜能和成就感，并获得与其贡献相匹配的合理公正的报酬。所以，企业在进行激励选择和设定时应有针对性地满足创意人才这方面的需要。

首先，要建立科学合理的报酬体系。企业应通过设计合理的薪酬体系，形成相应的激励机制，鼓励优秀文化创意人才的涌现。一方面，可以采取“底薪＋奖金”的模式：“底薪”可以以工作经历及教育背景作参考，基本上差距不大；而“奖金”可以根据工作性质和人才层次的不同采取不同的计量标准和评价方式。采取这种模式既有利于增加创意企业对优秀创意人才的吸引力，也有利于保护老员工的工作积极性，进一步增强组织的凝聚力，推动组织的发展。另一方面，可以让创意人才以其所掌握的技能入股，一来可提高创意人才的积极性和创造性，二来让创意人才拥有公司的部分股权，使企业未来的发展与他们息息相关，这样他们就能奋发努力，不断地“生产”出新的文化产品，实现员工和企业的共同发展。此外，还可以在创意人才薪酬结构上进行创新，设立衡量创意人才贡献的科学指标，通过科学的测评方式，衡量创意人才的贡献，以贡献论收益。如果创意企业员工对于公司或者部门的发展提出创意性的建议或者意见，无论采纳与否，都应该考虑给予适当的“创意性奖励”。①

其次，应提供恰当的、有挑战性的工作，提高创意人才的工作成就感。需要的多元性决定了激励方法的多样性。创意人才具有较强的自我实现的愿望，因此企业在分配任务时应充分考虑创意人才的性格和爱好，帮助他们理解工作任务的意义。恰当的工作岗位是创意人才发挥自身潜能的平台，平台的好坏在很大程度上影响着其生产力的发挥。因此要根据创意人才自身的专业和个性特点，提供与其匹配的岗位，使创意人才把其时间和精力专注于本职工作，发挥最大潜能，提高生产效率。

---

① 孟祥意：《创意人才的管理策略研究》，《中国商界(下半月)》2009年第10期。

第四节 大学生的创意创业

在我国，随着高校的扩招，大学生就业问题愈演愈烈，即便高校培养出合格的创意人才，也会面临失业的危机。因此，创业教育势在必行。

一、创意人才的创业教育

创业教育是一种全新的教育理念，旨在培养学生的创业意识、创业能力和创业人格。知识经济时代对大学生创新精神、创新能力的要求越来越高，会创意不一定能够得到很好的发展，会创意创业才能在飞速发展的新时代闯出一片天，才能适应社会和经济结构调整时期人才规格的变化。创业活动要求大学生具备自主自信、勤奋果敢、坚毅诚信等品格与创新精神。创业教育要求大学培养出具有成就动机、开拓精神、分析问题与解决问题能力的未来创业者。创业教育的宗旨在于转变学生的就业观念，将创业作为未来职业的一种选择。它不仅传授关于创业的知识与能力，更重要的是，它让学生学会像企业家一样去思考。其次，学生创业需要高校为创业教育提供基础，需要通过高校进行严格的学术训练和知识准备的培养，使未来创业者具备长远的战略眼光、良好的沟通协调能力、营销能力和决策能力，并具备较好的情商。调查表明，美国表现最优秀的上市公司与高新技术企业老板有86%受过创业教育。众所周知，大学生就业难，创业更难。大学生创业面临资金、经验、环境等多方阻力。然而，大学生创业又是高质量的就业，是带动大学生就业的重要途径。因为其一，创业本身就是就业，创业带动就业。国内外调查显示，一个人创业平均可带动三至五人就业。没有创业，就不能促进就业。其二，创业是大学生经营兴趣的引领。有兴趣就会有激情，就会产生动力，从而专注于事业，充分发挥大学生的聪明才智。其三，创业能培养良好的心理品质。由于创业要面对众多的困难与风险，因此能很好地培养大学生的诚信、自立、自强、坚忍不拔、敢冒风险、勇于拼搏、学会自我调节和团队合作意识等良好心理品质。此外，创业还能提升大学生的能力素质，改善大学生的知识结构，等等。所以，如何帮助大学生创业，就成了全社会都应关注的一个重大课题。

政府方面首先应当将就业问题放在首位，鼓励创意人才自主创业。如果一个城市发展创意产业，就要吸引设计师并且鼓励他们创业，让他们在城市扎根，成为城市的一种“基础设施”。政府和学校应为创意人才提供创业指导、政策扶持、融资渠道以及税收优惠，激励创意人才将个人的创意转化为实在的经济效益。创意人才进行自主创业有着得天独厚的优势，在市场竞争中总能脱颖而出，而关键是看如何经营。我国于2011年5月设立了“大学生创业创意公共服务平台”，它是由政府主导并投资建设的以帮助大学生就业创业为主导的公益性服务机构，依托各级政府优惠政策，以数娱广场园区、高校、产业、研究机构和金融机构为中心，致力于打造全方位服务大学生、企业的网络服务平台。它以公益性、示范性、专业性为建设目标，将园区的服务功能突破地理空间的限制，向全社会的大学生和创新性科技企业开放，实现园区品质的提升和增值服务的辐射和拓展。其次，应从全社会范围提升国民对文化艺术的需求和对知识产权的尊重，这样会为创意人才的创业提供良好的外部条件和社会氛围。实施创业教育不只是为了培养大大小小的老板，更关键的是培育大学生的创业意识、创业能力和创业人格，以实现真正意义上的创业创新，高质量地解决大学生的就业。在发达国家，大学生创业人数占毕业生总数的比例为20%—30%，而在我国大学生创业的比例不足1%。因此，大学生自主创业还有非常广阔的发展空间。

二、义乌工商职业技术学院的创意创业教育

创业教育、创意教育是义乌工商职业技术学院的特色教育，学院在大力发展创意文化的同时积极推进创业教育。学院自2002年开始就提出了鼓励大学生“生存性创业”的口号，以创业推动就业。2007年，在全国率先大力倡导电子商务淘宝创业。2010年12月，学院被确立为浙江省“创新创业型大学”建设试点高校。目前，学校的创业教育在全国甚至全世界都有一定的影响力，《纽约时报》、中央电视台、凤凰卫视等国内外媒体都作了大量的报道，曾获“全球最佳网商摇篮”称号。学院学生的创业之所以如此成功，与学院对学生的创意和创业的教育、引导密不可分。学院经过了十余年的创意文化培育，搭建了四大创意创业平台，培养学生的创意创业能力。

(一)创意活动平台

围绕“创新创业型大学”的建设，结合创意人才培养的目标，学院将创业与创意有机融合。通过构筑创意活动平台，推广创意文化，丰富校园文化生活。通过举办系列活动，培养学生创意能力，激发学生创业意识：使“创意”品牌文化能够在全院范围内融入学生的思想、生活、学习等各方面；通过创意集市活动，形成创意一条街的模式，激发学生的创意思维和创业意识，提高学生学以致用、将所学知识转化为财富的创业能力；通过创意结构模型竞赛，将创意与专业相结合，提高学生动手能力和运用综合知识解决实际问题的能力，使学生对专业产生浓厚的兴趣，提高学生对专业学习的积极性和主动性；通过定向越野赛，培养学生在创业过程中不可缺少的团队协作能力、自强不息的体育精神

和排除万难、持之以恒的创业精神；通过创意文化节晚会，提供大学生展现自我的平台，丰富校园文化生活，其中的颁奖典礼激励大学生更好地将创意文化传承下去。2010 年，该校建筑与艺术分院的师生承接了文博会创意互动体验区的建设任务，在提升创意能力的同时也为当地政府作了很大贡献。学院还通过各类讲座鼓励学生利用分院的创意活动、课堂、工作室和创意园等平台锻炼自身的创意能力和创业技巧，开启智慧、点亮人生。

(二)创意课堂平台

学院旨在培养具有创新意识和创新能力，具备学习和获取本专业新知识、新方法、新技术、新工艺的创意人才。学院通过构筑创意课堂平台，创新教育教学，激发学生创意的火花。学院专门开设了创意类专业课程，训练学生的创意思维，培养其创意能力；开设创意营销课程，专门培养学生的创意营销能力。学院学生丁洋波曾巧用创意营销，做专做小，世博期间抢卖世博凳，网店生意火爆。教师积极创新教学方法，将课堂搬进企业，面对面传递创意；老师还接单子进课堂，引导学生为产品加创意，进行实战演练。如服饰品设计专业便实行了“真实公司化教学方式”。建立一个以班级为单位的真实公司，创设一个真实的公司环境。设有公司名称，形象(LOGO)，公司经理、管理层(部长、组长等)、财务、业务员、设计总监、设计师等职位的组织框架结构。先让学生了解公司结构、公司制度和公司业务范围，然后让学生竞争上岗。学生找到相应的工作岗位后，教师会要求部长把新员工个人档案加入部门档案，并为新员工开工作短会，介绍新员工，介绍所在公司的名称、性质、主要业务及运作方式，进一步明确部门职责和业务范围，并给新员工安排具体工作内容。最后，由业务员、教师(在公司里，身份可能就是经理)进行业务谈判、接洽；接下业务后，由设计总监进行任务的分配及具体事项的安排；各设计师各司其职，在规定的时间内完成任务。在此过程中，学生懂得了如何做市场调查，如何做最好的分工，如何与同事并肩作战，如何讨论设计方案，如何接单、跟单，等等。学生的社会交往能力、语言表达能力、团队协作能力均得到了锻炼。通过一个一个工作任务的完成，学生不再是进行一门门单一学科的学习，而是相对完整的一块综合知识的获得。因此，这种教学法有利于提高学生的综合职业能力，也有利于创业精神及创业能力的培养。

(三)创意工作室平台

学院构筑创意工作室平台，先后成立“麦奇克视觉传达设计工作室”“新锐产品设计工作室”“三景商业空间设计工作室”“时尚饰品设计工作室”“服饰品设计工作室”“平面设计工作室”“产品造型设计工作室”“建筑室内设计工作室”8个设计工作室，学生老师走进工作室，从事创意设计和科学研究。工作室模式践行“产、学、研”相结合的教学理念，每年有大量的设计成果被企业采用，投入生产销售成为商品，创造了良好的社会效益，得到了广泛的好评，实现了学生服务社会的梦想。此外，工作室积极对外承接项目，连接课堂与市场，实现创意产品市场化，拓宽就业、创业渠道。

(四)创意产业园区平台

在义乌浓郁的市场氛围下，需要将创意文化与市场融合才能共生共长。学院通过构筑创意产业园区平台，建立学子实践基地。于2009年11月挂牌成立的义乌创意园，是全国首家以小商品创意设计为核心的创意产业中心。它的成立为学院尤其是建筑与艺术分院的教师、学生提供了良好的实践锻炼机会和与企业合作交流的平台。这是学院十年创意文化的结晶，也是学院进一步提炼创意文化内涵的全新起点。创意园内设有“设计学子实践基地”“商务配套区”“高校、科研机构业务区”等功能专区。目前有53所高校在园区内建立了学子实践基地，基地与义乌多家企业成功对接，完成了产品外包装、造型设计等课题，实现产品转型升级，打造浙中“创意硅谷”。

学院积极倡导创意，让学生敢于打破常规，敢于超越自我，而热情加创意就有可能成功创业。2011年，学院有8.42%的毕业生以“小老板”的身份走出校园。学院的创意文化已融合教育力、文化力、科技力、市场力、政府力于一身，在义乌得天独厚的市场优势下，成功将创意与创业有机融合，引导学生智谋人生，同时助推小商品“智”胜市场。

三、创意创业典型

义乌工商职业技术学院独特的创意创业教育培养模式，培养出了一大批创意商人，他们的传奇故事值得细细品鉴。

(一)“草根商人”杨甫刚

五年前，他只是一名很不起眼的学生，但他坚持追求梦想；五年后，他终于完成了华丽的蜕变，成为年利润上百万的淘宝五皇冠卖家。这就是被称为“超级毕业生”的杨甫刚，一名从600元起步到年利润上百万的创业大学生。

杨甫刚，义乌工商职业技术学院外语外贸分院(原国际贸易系)物流管理专业2006级学生。2007年4月，他拿出当月600元生活费开网店创业，经过不懈的努力，到2009年6月毕业时每月纯收入超过3万元，成为学生中被人羡慕的“创业英雄”。毕业后，杨甫刚继续寻求突破，一年后，网店年利润达上百万。回顾杨甫刚的创业历程，结合创意创业人才的特点，不难发现，他的成功并非偶然。

首先，是他对人生道路的创新思考。一般大学生以就业找工作作为大学学习的目标，但杨甫刚并不这样想，“就算我拼了命考过英语六级，通过计算机二级考试，年年拿一等奖学金，出了校门，我能和本科、名校的学生争当精英吗?”于是，在空余时间里，他便给自己的大学生活添上了几分创意的色彩：在校内捡矿泉水瓶、易拉罐卖；到学生宿舍推销义乌名牌——梦娜袜子。然而，捡易拉罐和卖袜子的尝试均已失败告终。2007 年，正当淘宝在现代生活消费方式中风起云涌的时候，迷茫的杨甫刚在学院“创业教父”贾少华的指点下，用自己当月的 600 元生活费，外加一辆旧自行车，开起了淘宝店，他的淘宝创业之路开始起航。

其次，是他对销售产品的深入挖掘。在知识经济飞速发展的时代，传统的商品已经不能吸引人们的眼球。为了能够找到适销对路的商品，他夜以继日地泡在网上，不停地看，不停地找。他找的都是带“Hot”标记的热销产品，“一家店标了，另外一家店也标了，如果在第三家店也标了，那么说明这东西的确是畅销产品”。一个月售出 7000 多个的瑜伽垫，就是通过这样的努力让他找出来的。

再者，是他对经营模式的创新探索。他给自己的网店取了一个很活泼的名字——嘟嘟靓妆小铺。客服中心设了阿里旺旺，分别是“胖嘟嘟”“瘦嘟嘟”“小嘟嘟”，店名在当时的淘宝市场颇具创意并且方便记忆。并且杨甫刚根据自己的观察发现，化妆品市场潜力更大。他说：“不管自己的眼光如何敏锐，对于市场行情的把握洞悉得再透彻，还是不能忽视运气成分的存在。而化妆品市场却永远有那么大，只要肯开发，总会有大把的机会在那里等着我。”因此他及时在经营策略上做出了调整，专攻化妆品市场，这样的转变，一不小心让他闯进了一条“高速路”。此后，他的业务量便稳步攀升，最终稳定在每天 100 多笔订单、每月 20 多万元的销售额；网店的信用等级由一个皇冠，再到两个两皇冠“加冕”，仅用了不到半年时间。在 2009 年 6 月毕业之际，他获得了校创业奖、市十大优秀青年、浙江省英才奖、省级优秀毕业生。为了自己业务的需要，杨甫刚还买了卡迪拉克，成为校园的传奇人物。被荣誉包围的杨甫刚却从不骄傲自满。毕业后，他又开始着手店铺转型，在现有的零售业基础上开始做针织批发，批发零售同步。当时，很多淘宝网大卖家都不会采取这种策略，因为管理上不去，很难成功。但是杨甫刚却敢为人先，因为他觉得自己可以做到。事实上，杨甫刚很早就已经在研究针织市场，分析了针织市场的前景，如他所料，在淘宝网日益规范的今天，选择针织产品无疑是对的 ，义乌最大的针织品淘宝卖家均在他的店里拿货。而随着业务量的增长，杨甫刚的管理理念也与以前大不相同，开例会、做企业文化，言谈举止更有了企业家的风范，谈业务、拉订单更多几分派头。现在他店铺每月的好评达到1万次，每天的营销额达5万元，拥有员工20人。他的目标是打造义乌最大的针织品批发商。

当然，杨甫刚的成功除了他的这些创新创意举措外，还离不开他艰苦奋斗、持之以恒的创业精神。他的网店刚起步的时候，顾客买的东西很少，每单利润仅5毛钱，他每天骑着自行车去市场提货，大热天满身是汗，舍不得买矿泉水，因为一瓶矿泉水要1.5元，舍不得坐公交车，因为坐公交车来回要3元钱车费。他认真对待每一个客户，正常发货，热心服务，他觉得开店就是做人，做人有信誉才会得到别人的信任。正是基于这种朴素的经营理念，网店的好评率达到了惊人的100%。在谈到自己的创业之路时，杨甫刚感言，"其实每个阶段遇到的困难都不一样，最重要的是静下心来思考。每走一步都是坎坷，我从来没有觉得自己运气好，但是我很努力。"杨甫刚是个乐观的人，在创业路上，遇到过很多困难。他说，人总是会有郁闷、压抑的时候，但是我只要晚上睡一觉，明天就会照常开心起来。他喜欢看《感动中国》，他说这个节目能提升每个人的心灵，让你有想法，对创业更有激情。此外，他还喜欢《赢在中国》，看马云、史玉柱点评创业等；喜欢看中央二套经济风云人物，他一直有个梦想，就是也成为中央二套的经济风云人物。

(二)"不一样的富二代"王佳荥

"富二代"对于现在的人们而言，无疑已经成为了一个贬义词，总是暗含着讥讽、蔑视和对未来的悲观态度。可义乌工商职业技术学院市场营销专业学生王佳荥却演绎着"不一样的富二代"人生。他仪表堂堂、思维敏捷，谈吐间有着对财经、电子商务及人生的独到见地。他的创业道路也为我们津津乐道。

王佳荥，来自杭州，父亲经营一家工厂，家境优越，但在他的身上看不到丝毫骄纵之气，他对自己的人生也有别于常人的规划。王佳荥说，他的父亲曾希望他好好念书，毕业之后找一份稳定的工作，最好是进入政府做公务员。然而，在学校浓厚的创业氛围下，这个不甘平庸的小伙子哪里闲得住，入学没多久便开起了网店。刚开始时，王佳荥认为杭州的丝绸在网上肯定好卖，因为杭州丝绸名气响。于是跟其他三个同学一起凑了2000元，在杭州进了货，放在网上出售。俗话说得好，没有准备的仗注定是要失败的。他的创业之路一开始便遇上了难关。当他信心满满地等着收钱的时候，他们的丝绸居然无人问津。后来才发现，因为当时进货没有经验，进货价要比别人高，出售价自然也高，故没人愿意买他们的产品。没有生意只能散伙了，好在船小好调头，王佳荥把所有的丝绸分成四等份，四个合伙人一人一份。就这样，第一次尝试失败了。

面对失败，王佳荥并没有沮丧，因为他坚信只要迈出了第一步，后面就好走了。王佳荥灵活的经商头脑、对市场商机的洞察力不得不让人佩服。在一次学生会干部会议上，他与另外一个系的学生会干部聊起了网上创业的事情，聊着聊着突然一个灵感闪现在他的脑海中，“学生创业搞得如火如荼，对纸箱的需求量肯定很大，何不做个纸箱供应商呢?”他把自己的想法说给对方听，对方也觉得有理，于是两人当即合伙，专门为网上卖家提供各种包装纸箱，并给自己的网店取名为“卖家之家”。

两人各出 1000 元，在义乌小商品市场批发进纸箱，并制作了名片在快件投递点分发。刚开始起步的时候的确很难，因为不熟悉行情，第一批纸箱进货价偏高，压缩了利润。而且还要亲自送货上门，只要一个电话进来，不管人家要多少，为了不耽误别人发货，他都得赶在 10 分钟之内送到。由于王佳荥讲信誉，服务态度好，而且产品质量也过硬，慢慢地销路打开了，他的名声在学院创业学生中间也传开了，回头客也多了起来。不到两个月，他已经基本垄断了学院的纸箱供应业务。

两个月后，他开的网店——卖家之家，几乎成为学院内所有开设网店的学生收藏的网页，除非有些因业务量还不是很大暂时用不着。王佳荥并不安于现状，整整一个暑假“闭关修炼”。他不但巩固了在学校的市场，而且还把自己的业务拓展到了长三角一带。这期间，他与上海、浙江、安徽等地的客户建立了联系，这些客户的需求量是学校的几倍、几十倍。不知不觉间，他一个人忙不过来了，于是开始聘请客服人员帮忙打理，纸箱生意完全做开了，每个星期的业务量稳定在 2.5 万—5 万元之间。小有成就的他却从不骄傲自满，繁忙之余还参加了自考本科国际贸易专业的学习，学习怎样管理仓库的存货，怎样管理员工，怎样对市场趋势提前做出预判，怎样跟客户签订合同……把自己的生意打理得井井有条。

王佳荥有一个宏伟的理想，就是想把“卖家之家”做成一个更大的网络供货平台，而不仅仅是卖纸箱、胶带。他说：“义乌小商品市场上有着数不胜数的资源，如果将他们整合起来，将是一项宏伟的工程，不过要达到这样的目标，我还需要努力很多啊。”

(三)“全球十佳网商”何洪伟

2010 年 9 月 10 日，由中国电子商务协会、杭州市政府、阿里巴巴集团联合主办的第七届网商大会在省人民大会堂隆重开幕。在这场全球优秀网商齐聚的顶级盛会上，备受外界关注的“2010 全球十佳网商评选”揭晓，义乌工商职业技术学院毕业生何洪伟成为夺冠者之一。

何洪伟，2004 年从学院毕业时连学费都还拖欠着，在短短的 5 年时间内，竟然一手创办了年销售额达数千万元的万客投资管理有限公司，写就了一段草根青年的传奇故事。

何洪伟出生在松阳县玉岩镇何山头行政村源坑自然村，家境贫寒，和许多大学里的贫困生一样，他在校期间勤工俭学最主要的方式就是做家教。然而，一个小时辛苦下来只有十几元钱，这让曾经立志“要挣大钱”的他，感到了焦躁不安。正当他苦思冥想的时候，发现学校里居然有一个完全由学生经营的公司——亿发文化传播中心。这是校内唯一一家注册成立的公司，主要经营学校内的横幅、海报、喷绘以及打字复印业务。因为写得一手好字，此外，电脑设计也是他的特长，何洪伟以技术入股的形式顺利进入了“亿发文化传播中心”。可以说，校内公司是他走向创业的第一个平台。在这里，他获得了许多人在学生时代根本无法企及的创业磨炼机会。而与生俱来的商业智慧，让他很快在公司里崭露头角，并获得了公司继承人的地位。“大二下半年，创立公司的学长要离校去实习，他把总经理的位置传给了我。”成为校内公司的总经理后，何洪伟有了更多展现自己能力的机会。

大学毕业后，不甘于打工生活的何洪伟及时发现商机利用网络创业。何洪伟得知一位朋友在生产简易手机绳后，他尝试着在阿里巴巴网站上发布了一条提供手机绳的信息，没想到还真有商家给他下了50万根手机绳订单。于是，他立即告知朋友，加班加点地制作，最终如期交货。这次交易让他挣了6000元钱，也让他见识到了网络的神奇之处。这更加坚定了他对网络商机的判断，于是果断辞职，用卖手机绳掘取的第一桶金在淘宝网上开起了网店。2005年5月1日，在狭小的出租屋内，何宏伟正式开始了他的网络创业之路。

对创意产品的挖掘是何洪伟成功的关键。他在网上卖“魔豆”(一种新兴植物，运用激光技术，种子发芽后在豆瓣上面便会长出各种有趣的图案及不同文字)，没想到销量异常好。那时开网店的人还不是很多，不到一年的时间，他的网店就做到了5钻卖家，在义乌的网店界颇具名气。

在一年的网店经营过程中，何洪伟发现了一个当时所有淘宝网店都面临的共性问题。那时，所有淘宝网店的店主，都是从当地批发市场拿货，几乎没有人从网络上批发拿货，尽管当时阿里巴巴网站已经开始做网络批发生意了，但都是针对企业的大额批发。

为什么不成立一个更大的网店，专门给淘宝网店店主们提供小额批发供货呢？何洪伟敏锐地嗅到了商机。

2006年5月，何洪伟设立了“万客商城”网站，在电子商务界率先做起了网上小额批发生意。刚开始，他凭借原先淘宝网店的知名度，逐渐把顾客吸引到“万客商城”网站上。久而久之，由于服务热情、物美价廉，“万客商城”打出了一定的知名度，不少淘宝网店店主便慕名而来。

“万客商城”上的货物之所以受众多淘宝网店店主的青睐，是因为何洪伟进货时的独特眼光。“我专门找淘宝网店卖的人多的和没有人在卖的货！”他说这是两个“极端”，卖的人多的货，说明这货很受消费者喜爱；没人在卖的货，则是市场上刚出来的东西，奇货可居。

2008 年上半年，何洪伟注册成立了义乌市万客投资管理有限公司。近两年来，他的“万客商城”成了国内领先的创意用品网上供货平台，而他的进货渠道也逐渐从义乌市场开始转向全国各地的厂家。目前他的公司已经和国内 800 多家厂商建立了合作关系，长期存储着 9000 多种货物，年销售额几千万元……

纵观这些创业明星们的创业历程，我们发现，他们在大学期间起步创业，没有经验，没有资金，没有人脉关系，但是他们创业成功了，实现了自己的创业梦想。他们有着一般人的特点，平平淡淡，朴实无华，但是他们有着不同寻常人的勤奋和毅力，他们的成功源于对自己人生道路的不断创新追求、对销售产品的不断深入挖掘、对经营管理模式的不断创新探索、对市场发展前景的大胆设想。他们集创意创业人才的创新精神、创业精神于一体，谱写了大学生创意创业的神话。

第五章 创意设计学

案例与分析

杜志刚的“快易充”——充气玩具的创新之路

在义乌旅游商品博览会展馆的创意专区，有个展位前总是人头攒动，不管是参展商还是采购商，抑或是场馆的工作人员，路经此地便停下脚步。事实上，这个展位并不大，展位的主人是来自义乌创意园的杜志刚。借助旅游商品博览会的平台，这个企业能在中国最大的旅游商品交易会展示自己商品。展区的一位工作人员讲，2012 年创意展区有 50 个展位，这些展位受关注度很高，可见商机不一般。

杜志刚来自辽宁，其在义乌的企业已经开办了好几年。作为一位参展商，几乎每次义乌的展会他都要来看看，从中悟出了创意产品的门道。这次展会上，他主要带来了自己的自带气筒式泳圈。杜志刚常年居住在义乌，在义乌创意园有他的研发机构，他的产品有着自己的品牌“快易充”，杜志刚讲，参加展会的这几天，迎来送往的客人不计其数，虽然很多人只是出于好奇过来看看，并不购买他的商品。但他还是感到满足，因为杜志刚参加展会的目的并不在于能卖出多少件商品，而是吸引更多客商的目光，让更多的人了解他的产品，并找到新的代理商。杜志刚说他不虚此行，已经有很多城市的代理商决定加盟代理。其独特的创意立刻成为焦点，好评如潮，一时间大江南北的代理云集，甚至引来了韩国的代理商。似乎在一夜之间，这个名不见经传的杜志刚和他的游泳圈就像狂风卷着海浪一般迅速流向江海湖泊。从表面上看，“快易充”泳圈的走红似乎很意外，但其实这可以被看做是一次精心策划的、极具独创性的营销事件。除了独具特色的产品定位外，“快易充”泳圈在定价、渠道和终端上的表现都可圈可点。“快易充”泳圈走红的意义绝对不止于杜志刚本人，更为重要的是开拓了一个更广泛的新市场，让人们看到中国内地大量二、三线城市市场的巨大潜能。

杜志刚的“快易塑胶制品有限公司”从成立伊始，就定位明确，是一家集研发、生产、贸易于一体的公司，有自己的专利产品和营销网络，所以自己便可以掌握定价权。

他的产品没有走模仿和抄袭他人的老路，而是从现代设计学角度出发，自主创新。他将研发机构设立在全国最大的小商品集散地义乌的“义乌市创意园”，他细心分析义乌市场里的每一类商品，找出问题；他还到海滩、泳池去观察人们的使用方式……开始了自己的创新之路。

有一次，杜志刚在海滩无意中观察到，人们要花相当长的时间用嘴将泳圈吹起来，这是一件很不爽的事情，给本来轻松的休闲时光带来了些许意外的烦恼，毕竟谁也不会想到随身带着气筒。至于泳圈花花绿绿的款式并不是他考虑的主要问题。他想起了小时候用针筒在脸盆里吹泡泡的经历，于是就有了心中的方案。

“这是一个让人恍然大悟的产品，我们竟用嘴吹了这么多年”，每个见到“快易充”自带气筒泳圈的人都这样评价道。在塑料充气玩具行业，样式、颜色、图案、材质等纵向产品细分标准早已被众厂家用滥，从成人到儿童，从功能到情感设计，想在这些细分市场出奇已经不可能。在这个极度追求个性和差异化的时代，从没有人把目光放在一个尚没有充气的充气玩具上，而是为了适应个性、生活习惯、身体健康的需求，忙着贴上各种时尚标签。现在的充气玩具市场，见怪不怪，大家多集中在新奇造型、挂靠名牌等。

“我们能否‘横’切市场一刀，让我们的产品跳出这个怪圈呢?”杜志刚说。于是这个方案把“游泳圈”在使用过程中的瓶颈解决掉，使得大家对这项产品从先辈那里继承来的容忍一扫而光，对生活质量的“0 容忍”诉求得到很好的体现。

“快易充”名称的诞生过程非常艰难。什么东西能够简单直接地概括这种泳圈的特性，又不显得俗气呢？泳圈和充气方式两个范畴，在注册产品名时怎么办？两者如何联系？在《定位》一书中，里斯和特劳特专门用了一个章节来探讨品牌名称的威力。他们这样写道：名字就是把品牌挂在预期客户头脑中的产品梯子上的钩子。在定位时代，你能做的唯一重要的营销决策就是给产品起什么样的名字。

杜志刚和他的团队先后起了 10 多个名字，比如“充得易”“一充得”“气蛤蟆”等，在一次讨论会上，当“快易充”闪现后，在场所有的人都有一种“找到了”的感觉。

“快易充”为目标顾客群留下了充分的联想余地，避免因名称的某种特质而拒绝了另一类人群；产品本身是一种充气玩具，“快易充”既体现了产品充气便捷的特质，又暗合产品的随意玩耍属性，可以使这种概念应用在任何充气玩具上，而不只局限于泳圈。在对产品名称感到新鲜而进行首次尝试后，又给了消费者重复消费的理由，借功能性充气方式奠定了市场选择基础，进一步将消费者游乐的愿望落到实处。

2008 年，杜志刚的设计获得了实用新型专利证书，随后产品正式推向市场。最初，在核心市场及主流传播渠道，"快易充"泳圈遭到了冷遇。按照以往的销售经验，"快易充"泳圈首先直奔北京和上海这两座国内先锋城市。然而，北京与上海并不十分看好这个东西，有人还认为是故弄玄虚。不得已，杜志刚决定放弃一线城市，到二、三线城市去发展，到专业经销商云集的城市——义乌去尝试，这里有商人独特而敏锐的目光，也有创意设计者新奇的想象与创造。

第一节　创意设计学概述

一、关于设计

我们正处于一个设计创新的时代。

在我们的日常生活中，处处都弥漫着设计的因素。没人能说自己的生活与设计无关，设计犹如空气一样围绕在我们周围。

"设计"一词在汉语中最基本的词义是设想与计划。《新华词典》(商务印书馆 2000 版)对设计一词解释为:设计，"根据订出来的计划制出具体进行实现计划的方法、程序、图样等"。"设"在汉语中作动词用，含有"安排、建立、构筑、陈列、假设"等意思，由此复合为设置、设想、设法、陈设、设施、设计等词;"计"在汉语中动词名词兼用，名词如计谋、诡计，动词如计算、计划等。"设计"一词几乎综合了"设"与"计"的所有含义，从而具有较为宽泛的内涵。

英文中，对"design"的解释不胜枚举，从它的语义、语源的解释可以看出，对"design"最基本最广泛的意义在于拟订和实现整体计划，即为实现一定需求的明确的目标拟订计划与方案，"design"是谋略下的创造行为，是行为前预先制定的方向与程序。

广义的设计，几乎涵盖了人类有史以来的一切文明创造活动，其中所蕴含的构思和创造性行为过程，也成为现代设计概念的内涵和灵魂。狭义的设计所包含的"在艺术中的计划"，意味着对构成艺术作品的各种要素，在各部分之间或部分与整体的结构关系上，组织成为一个作品的创意过程。如 1974 年第

15 版的《大不列颠百科词典》对“design”有更明确的解释：美术方面，设计常指拟定计划的过程，又特指记在心中或者制成草图或模式的具体计划。产品的设计首先指准备制成成品的部件之间的相互关系，这种设计通常要受到四种因素的限制：材料的性能、材料加工方法、整体上各部件紧密结合、整体对于观赏者与使用者或受其影响者产生的效果。在美术中，设计本身就是一种创作过程，而在建筑过程中设计则仅是体现适当观念与经验的简明记录。建筑师、工艺工人、制图员或工艺美术师既不能仅仅根据公式进行设计，又不能如同画家、诗人、音乐家那样自由设计。在各种艺术特别是艺术教学方面，“设计”一词含义广泛，尤指构图、风格和装潢而言。用作构图时，设计指物件所具有的各种内在关系的体系。

现代设计纷繁复杂，领域不断扩展。目前，设计按目的来分类可划分为三大领域：为了联系人与大自然的关系，在通信传达的世界中创造设计了各种产品，出现了工业设计；为了连接人与人的关系，在通信传达的世界中创造设计了记号、符号，出现了视觉传达设计；为了调和人类社会和大自然之间的关系并使之趋于平衡，出现了环境设计。将设计分作三大领域是国际上公认的并沿用至今的分类方法，但随着社会的发展和学科细分化、边缘化特征的加强，产生了多样性的设计领域构成形式。如建筑设计、产品设计、平面设计、广告设计、服饰设计、纺织品设计、多媒体设计等。

二、何为创意设计？

创意设计，指的是有创意、有新点子的设计。创意设计包括工业设计、建筑设计、包装设计、平面设计、服装设计、个人创意特区等内容。创意设计除了具备“设计”的因素外，还需融入“与众不同的设计理念——创意”。

设计就是创新。如果缺少发明，设计就失去价值；如果缺少创造，产品就失去生命。——刘东利(香港)

设计是追求新的可能。——武藏野(日本)

设计就是经济效益。——林衍堂(香港)

设计本身也是一种创造。设计思维就是创造性思维，是一种打破常规、开拓创新的思维方式。创造之意在于想出新的方法，建立新的理论，做出新的成绩。没有创造性思维就没有设计，整个设计活动是以创造性思维形成设计构思并最终生产出产品的过程。“创造”的意义在于突破已有事物的束缚，以独创性、新颖性的崭新观念或形式形成设计构思，包括设计创造产品、产品为人类服务的双向过程，牵涉创造性思维活动和创造性实践操作。设计创意是以人为中心，以问题为导向的创造性活动。

“选择”“突破”“重新构建”是创造性思维过程中的重要内容。因为在创造性思维形成过程中，通过各种各样的综合思维形式产生的设想和方案是非常丰富的，依据已确立的设计目标对其进行有目的的恰当选择，是取得创造性设计方案所必需的行为过程。选择的目的在于突破、创新。突破是设计的创造性思维的核心和实质，广泛的思维形式奠定了突破的基础，大量可供选择的设计方案中必然存在着突破性的创新因素，合理组织这些因素构筑起新理论和新形式，是创造性思维得以完成的关键所在。因此，选择、突破、重新构建，三者关系的统一，便形成了创造性思维的内在因素。

创造性思维是由判断力、知识面、信息量等相互支撑才得以成立的，从设计创造的角度来说，感觉、信息的积累、知识与修养，再加上判断力，才能准确地把握好设计的创意。这种创意是对事与物筹划过程中的一种创意的形成，它是所有物质方式中最接近意识的部分，它有多种呈现方式，开始或许是稍纵即逝的灵感，最终是文字或图稿。创意是长期感悟的结果，创造性思维是设计的命脉，在人类未来的生活方式的创造中，设计是一种智力资源，它以那些有着生动灵活的、充满新锐的创意，引领我们去触摸，去追求一种更高品质的生活。

综上所述，我们可以这样理解，创意设计就是：设计中包含着创意，创意是设计的内涵与外延。创意定位是设计创意的前提，设计创意是创意定位的表现。创意定位所要解决的是“创意什么”，设计创意所要解决的是“怎么创意”，只有明白“创意什么”，才能发挥好“怎么创意”。一旦创意定位确定下来，怎么表现设计内容和设计风格才能随后确定。由此可见，创意定位是设计创意的开始，是设计创意活动的前提。

创意设计是一门综合性极强的学科，它涉及社会、文化、经济、市场、科技等诸多方面，其审美标准也随着这诸多因素的变化而变化。创意设计又是一门独立的艺术学科，它的研究内容和服务对象有别于传统的设计艺术门类。

三、关于创意设计学

创意设计起源于人类生存发展的需要。从哲学角度讲，有目的的实践活动体现了人类的主体性和能动性。发展到现代社会，我们所见到的工业产品、视觉传达和生活环境等，都是创意设计的表现和创意设计的产物。很长时间以来，当人们着手梳理创意设计的基本属性时，往往会将其比喻为艺术和科学联姻的最好途径。但我们说，设计其实是产生于人类发现和创造有意义的生活方式和生活秩序的需要，是人类基于生活需要而对事物在观念和实际上加以组织和改选的过程，这表现在人与自然、人与社会的关系之中，而创意设计就是对这诸多关系有创意的统一筹划，它几乎涵盖了人类有史以来一切文明的创造活动。创意设计的价值也正是在社会的发展过程中日益凸显，而创意设计学作为一门学科，则是对它的研究和理性思考。

研究趋势表明，对一种复杂的文化现象，只有从不同的角度，运用不同的方法才能真正把握，才能贴近历史真实。所谓"知识综合构成"的学科理论就是知识产生的一条定律。从当今世界学科发展的状况来看，一门学科要从自身的角度来揭示其全部本质已不可能。因此，一门学科的研究就不可能是一门学科的深入剖析，而是多学科的交叉统观。例如，设计学与心理学的交叉体现在人的认识、思维等心理过程的许多相关序列上，在这些关键环节上，设计都是依照心理学的规律运动的；它与美学的交叉在于共同追求主客观的和谐关系上；它与工程学的交叉在于它的技术部分，设计学对设计手段的研究在工程学中被具体化了。随着时代的发展，创意学理论研究得到较大发展，同时也有了更为广泛的需求，从而产生了设计与创意的交叉，这种交叉在于对创意的动态过程，比如物质运动规律方面和办事规律方面所进行的有规律的计划与方向上的总体把握。

设计学与创意学的结缘，代表着设计艺术与更广泛的人文、社会学科相结合的发展趋势，同时也带来了与设计艺术相关联的、新的视角与方法。因此，设计一方面实现其对人类文明进程的重大影响，同时也实现着学科体系的自我完善。

创意设计学其实是建立在设计学基础上的对创意设计方面的内容更为完整的突破与研究，如对设计技能的创意研究、设计过程的创新性研究、设计任务的创新性合理性研究、设计方法的创新等。时至今日，对于创意设计学的研究可以结合美学、环境学、信息设计学等学科，以对这些个别学科进行重组、综合。

在科学的层次上建立完整的创意设计学是时代发展的要求和设计发展的自身要求，也是使设计脱离经验性束缚，走向科学的需要，更是使创意有目的、有计划，更适合工业化或个性化的需要。

(一)创意设计学概念的确立和意义

创意设计学作为融创意与设计为一体的交叉学科，在建设和发展过程中，包括了自然科学、社会科学、人文科学等内容及创意学的相关部分。

在现代社会，建立设计创意学，在设计学里融入创意学，不但是对设计学科的完善和补充，而且对振兴民族经济、提高社会生活品质有着巨大的作用。更重要的是，作为建设中的设计学的一部分，创意设计融入设计的每一个部分，具有重要的地位和作用。因此，有必要通过构建我国的创意设计体系，用科学的理性精神来指导创意设计的实践，让创意活动本身更具有艺术与科学的高度和谐与统一。

(二)创意设计学的研究范围

无疑，创意设计学的研究范围，与设计学的研究范围有很大程度的交叉，是关于设计这一人类创造性行为的理论研究，如自然科学、社会科学及艺术设计、创意学科的各个分支。不同的是，创意设计学包含更多的对创意的理解，它是一门系统的周密的、理论性实践性很强的、现代性强未来性更强的设计学科，是一门现代商业、经济实践中应用非常广泛并将更为广泛的学科，它所涉及的领域涵盖物质运动规律方面和办事规律方面，既是动态的过程也是过程运动的结果。因此它所研究的范围包括设计学及创意规律本身，同时包含创意结果如创意产业、创意经济等相关方面的研究。

(三)创意设计学的基本特征及内涵①

1.创意设计的文化特征

设计创新不是一种纯艺术现象，它首先是人类为生存而进行的造物活动，是人为实现实用价值和审美价值的物化劳动形态。这些物化劳动形态承载了文化内在与外在的相关意义，反映了特定时空下人们的生活方式、价值观念以及社会状况、技术、生产方式等。所以人类的文化背景深深地影响着产品的设计创意行为。

文化是人在自身社会化过程中所创造的，从根本意义上讲，文化是一种社会的文化。从文化的社会定义来讲，英国的文化学者雷蒙·威廉斯认为："文化是对一种特殊生活方式的描述"，而设计创造正是一种社会生活方式。对设计产品的文化研究就是要阐明由它创造的某种特殊生活方式，以及这种特殊生活方式中隐含或外显的意义和价值。当代信息化社会给创意设计所带来的冲击，极大地改变了现在的设计文化形态，并引起了设计理念和设计方法的重构。在设计表达上，最直接的是带来了信息时代新的造型语言和表达方式，并促使新的设计文化形态的诞生。

创意设计学正是在这种新的文化背景下蓬勃发展起来的新的生活方式，促使人们对于新产品、新创意有不断涌现的需求，从而使得创意设计成为一种新的设计形态。

---

① 朱彧：《设计艺术概论》，湖南大学出版社2006年版。

2. 创意设计的社会性特征

创意设计学既然是建立在设计学基础上的，对创意设计方面的内容更为完整的突破与研究，那么我们说，创意设计最明显的特征，就是从过去作为一个人的创造行为，正在快速地走向社会，成为一种与社会紧密关联的活动方式。创意设计的社会性可以视为当代设计各种属性中最为基本的规定性。作为一种对现代设计属性的解读方式，可从以下四个方面考量。

公共性。现代设计的公共性由现代社会的公共性所决定。现代社会越来越趋向于一个公众参与的社会结构和文明机制，创意设计作为一种以视觉的方式和人性化取向体现人文关怀的行为，其公共性价值已越来越明显。

资源性。现代创意设计是一种可以使产品或文化增值的资源，是一种提升价值的可能性。现代社会中，创意设计活动前所未有地成为一种经常介入社会经济活动与商业运作的环节与因素。设计的结果借助商业的力量得以实现，因而形成新的市场价值。尤其在现代社会的经济运作方式下，杰出的创意、完美的策划能力、精致的表达效果，都体现着巨大的经济资源价值。

结构性。现代创意设计在形态上已延展到一个新的规模与程度，在这个过程中呈现出结构化的发展趋势。如果没有浩大、繁复而细微的设计服务，当代社会就不可能具有如此巨大的社会活动机制。这种结构化的趋向，不但表现为规模的宏大化、机构的组织化与过程的有序化，还在这一背景下产生了方兴未艾的设计管理学科。

时尚与流行性。现代创意设计的社会特征还体现在社会的时尚与流行方面，流行是反映创意设计与社会之间紧密互动的一种颇有特色而又普遍存在、持续不断的社会现象，一种轮番更替、不断翻新的社会群体行为。

3. 创意设计的艺术性特征

毋庸置疑，既然是设计，那么创意设计的行为一定包括设计艺术性的特征。在 20 世纪之前的漫长历史进程中，以绘画、雕塑、建筑为主体的视觉艺术与手工艺这种传统意义上的设计之间的紧密关系始终贯穿于艺术发展的进程中。直至 19 世纪末期，“工艺美术运动”的代表人物威廉·莫里斯提出了“艺术与技术结合”的原则，他从美术家从事产品设计入手，既提示出设计与艺术的必然联系，又显示出了设计师独立的姿态。艺术界的“未来派”“野兽派”“未来主义”“构成主义”“立体派”“达达主义”“波普艺术”“欧普艺术”“后现代主义”“维多利亚风格”“新艺术风格”“装饰主义风格”等，激发了设计师们的怀旧思潮，将老的艺术形式进行现代化的运用，使产品具有浓厚的艺术创造意味，拓展了设计的理念和语汇，使其更具有创意的特征。

总之,创意设计与艺术,虽然有分离,各有所求,但有一点是一致的,那便是通过视觉的魅力与精神显现,共同满足人类求新、求异,及对理想生活方式的期望。

4.创意设计的科技特征

自古以来,人类的创造过程是一个整体行为。人们的思维也是非线性的,科学创造中包含艺术,艺术创作中包含科学的规律。创意设计是科学技术与艺术统一的产物。科学与艺术的共同基础是人类的创造力。200 年前蒸汽机的发明,带动了人类社会的机械化进程;100 年前电的发现,带动了人类社会的电气化进程;当代计算机网络技术的发明和应用的普及,使人类社会发生了巨大变革,正从工业社会向信息社会转变。“未来的关键科技将是人与电脑之间的互动能力”。历史将再一次重现当年包豪斯的情形:一批数学家、物理学家、计算机专家、艺术家、设计师、建筑师、音乐家、认知心理学家和大众传播专家,又一次紧密合作,其研究领域跨越了艺术与科学的界限。20 世纪 90 年代,虚拟设计被广泛应用,通过“虚拟现实”的手段,使产品的设计完美和合理化。可以肯定,技术创新、科技创新对设计的影响将越来越明显。

5.创意设计的经济特征

著名经济学家罗默(Romer)早在 1986 年就撰文指出,新创意会衍生出无穷的新产品、新市场和财富创造的新机会,所以新创意才是推动一国经济成长的原动力。1990 年,著名经济学家波特(Baud)提出了经济发展四阶段论。这四个阶段是:经济发展的主要驱动力来自廉价的劳力、土地、矿产等资源的“要素驱动阶段”;以大规模投资和巨大规模生产驱动经济发展的“投资驱动阶段”;以技术创新为经济发展主要驱动力的“创新驱动阶段”;追求个性的全面发展,追求文学艺术、体育保健、休闲旅游等生活享受成为经济发展的主动力的“财富驱动阶段”。随着经济发展的主要驱动力的变化,21 世纪迎来了知识经济时代。创意经济是知识经济的核心内容,是新经济的重要表现形式,没有创意,就没有新经济。阿特金森和科尔特 1998 年明确指出,美国新经济的本质,就是以知识及创意为本的经济(The New Economy is a knowledge and idea-based economy),新经济往往被视为知识经济的同义词,而这两位学者再次将知识经济等同于创意经济。①

当今时代,由于信息、智力、知识在经济结构中的地位日趋重要,包含各种创意设计的信息文化、科技文化以及文化艺术正在不断扩张,强力渗透到经济之中,并参与经济循环、促进经济增长。这种由创意引发的内涵型经济发展模

① 丁俊杰、李怀亮、闫玉刚:《创意学概论》,首都经济贸易大学出版社 2011 年版。

式最终将成为一个国家的首选和必选模式。它是社会发展到一定阶段的必然产物。

6.创意设计的创造性特征

早在古希腊时期，亚里士多德就将“创造”定义为“产生前所未有的事物”。一切创意设计活动的本质特征就是创造。创意设计的创造性思维特征可以归纳为以下三个方面。

第一，设计的创造性思维是一个既有量变又有质变，从内容到形式又从形式到内容的多阶段的创见性思维过程。因此，创意设计是一个探索的过程，探索充满了思考与创造的因素。英国心理学家约瑟夫·沃拉斯认为，任何创造活动一般都要经历四个阶段：创造的准备期、酝酿期、明朗期以及验证期。即收集资料，对问题进行思考、做各种试探性解决，在此基础上产生顿悟使新思想脱颖而出，最后检验其理论上的合理性与严密性。他用调查方法考察了710名发明创造者的创造过程，把阶段扩展为七个步骤：对一种需求或难点的观察，对这种需求的分析，对所有可利用的情况的通盘考虑，对所有客观的解决方式的系统表达，对这些解决方式之利弊的批评分析，新意念的产生，为找出最有希望的解决方案所进行的实验。

第二，作为造物的创意设计不同于绘画，它涉及的内容和范畴十分广泛。科学的本质规范着设计的创造性思维的逻辑定向，而创意设计又要求创意设计思维的艺术思维定向，单方面的思维方式都不能解决创意设计中的问题。

第三，创意设计思维过程中必然包括直觉、灵感、意象等的萌发、想象的发挥、图形的构想，结构与外观的有机连接，分析的还原与综合的归纳、设计产品的反馈的利用与控制的运筹等。因此，创造性认识过程中，多种思维方式的运用是根据创意设计过程的需要来决定的。

创意设计学是一门集自然、人文、社会科学于一体的综合性应用性学科，需要设计师拥有丰富的相关学科知识。创意的灵感来源于有准备的头脑和思想状态，结合的知识点越多，联系就越多，创意设计点也就越多。科学本质地规定着创意设计思维的逻辑定向，而艺术设计的造型性又要求设计思维的艺术定向。因此，任何一种单独的思维方式都不能解决创意设计的问题，创意设计思维要求理性与感性、归纳与演绎、分析与综合、抽象与具体、逻辑与历史等辩证思维方法的综合运用。只有在创意设计思维中保持理性与非理性，即保持意识与无意识、逻辑与直觉、理智与情感等思维的必要张力，才能真正把握和运用好创意设计思维的本质规律，产生良好的创意设计。

第二节　创意设计的产生

艺术创作者是极富创新精神和创新能力的创造性人才，即指具有创新意识、创造性思维和创造性能力的人才。创造性是人的天性，就像人们一直梦想像鸟儿一样在天空自由翱翔，于是有了飞机。人类的生活有了创造性，世界也就有了日新月异的变化。①

创意设计活动中的创造是为完成某种需要而结合各种思想进行创新，经过新的配合而创造出新形象的过程。培养艺术设计人才的关键就是对其进行创造性思维的培养，运用联想思维、发散思维、收敛思维、逆向思维等方法，都能有效地对创造性思维进行训练并产生创意。

一、创意设计的思维方式

（一）联想思维

联想是从一事物、概念、方法、形象想到另一事物、概念、方法和形象的心理活动。比如，从红铅笔想到蓝铅笔，圆柱加长变成筷子等。联想思维是根据事物之间接近、相似或相对的特点，进行由一物想到另一物，由表面想到内涵的一种思维方式。

著名美学家王朝闻说："联想和想象当然与印象和记忆有关，没有印象和记忆，联想或想象都是无源之水、无本之木。但很明显，联想和想象，都不是印象或记忆的如实复现。"从王先生的观点不难看出，创新的过程中，联想与想象是记忆的提炼、升华、扩展和创造，而不是简单的再现。

（二）发散思维

发散思维又称辐射思维、扩散思维、立体思维、横向思维或多向思维等，是从一个目标或思维起点出发，沿着不同的方向，顺应不同的角度，提出各种设想，找出各种途径来解决问题的思维方法。美国学者吉尔福特的理论研究指出，"凡是有发散性加工或转化的地方，都表明发生了创造性思维"。发散思维针对所给信息而产生的问题，求该问题的尽量多的各式各样的可能解。它是一种跳跃式思维、非逻辑思维，是指人们在进行创造活动时解决问题的思考过程中，围绕一个问题，从已有的信息出发，多角度、多层次去思考、探索，从而获得众多的解题设想、方案和办法的思维过程。

---

① 陈放：《中国创意学》，中国经济出版社 2010 年版。

发散思维过程是一个开放的不断发展的过程，要求探索不同的、富有特异性的答案。它广泛动用信息库中的信息，产生为数众多的信息组合和重组，在思维发散过程中，不时会涌出一些念头、奇想、灵感、顿悟，而这些新的观念可能成为新的起点、契机，把思维引向新的方向、新的对象和内容。

对发散性思维的培养，应循序渐进，着力于以下四个层次的培养。

1. 流畅性

流畅性是发散性思维的第一层次，即培养思维的速度，使其在短时间内表达更多的概念，列举较多的解决问题的方案，探索较多的可能性。例如，在短时间内写出的包含“日”字的所有汉字。

2. 变通性

变通性是较高层次的发散特征，是从不同角度灵活考虑问题。例如，在所写出的包含“日”字的汉字中有上下结构、左右结构、独体字、包含结构、半包含结构，这些结构的汉字都有，那么就表明了一个人的变通性较好。

3. 独创性

独创性是发散思维的最高层次，是产生与众不同的新奇思想的能力，是大胆突破常规、敢于创新的创造精神。

4. 精致性

精致性是对事物描述的细致、准确程度的一种培养，是有意识、有步骤地从多角度思考问题，从而达到训练和培养发散思维的能力。

(三)收敛思维

收敛思维又称集中思维或辐辏思维，是从不同的方面集中指向同一个目标去思考。比如，某一问题仅有一种答案，为了获得正确答案要求每一个思考步骤都指向这一答案，必须综合考察各种思维成果，进行综合的比较和分析。

收敛思维是发散思维充分展开后，通过分析、讨论、比较得出最佳答案的思维过程，从共性中找出个性，或从个性中总结出共性，通过推理归纳总结去发现规律。让发散思维充分展开，和收敛思维有机结合，才能有创造思维的产生。例如，在化学课上，一般老师会让学生先在课本上找到本节的各个知识点，并进行归纳总结，再通过学生归纳总结的规律、定律解答化学中的各种问题。这就是从发散思维到收敛思维再到发散思维的一个训练过程，这样就能达到创新意识的培养。

现代思维不是对收敛思维或发散思维单方面的偏重，而是把握住两者的结合。任何一项创意设计都是发散和收敛交替进行的过程。在构思阶段，以发散思维为主，而在实质成型阶段，则以收敛思维为主。

(四)逆向思维[①]

逆向思维是相对于习惯思维而言的,从相反的方向来考虑问题的思维方法,是创造性思维中最活跃的部分。

逆向思维有三大类型,分别是反转型、转换型和弥补缺点型。

1.反转型

反转型是从已经知道的事物的相反方向进行思考,从事物的结构、功能、各种关系等方面作反向思维。例如,中国移动大众卡的系列户外广告:“喂,儿子,妈妈快到家了。作业做完了吗?你看你,都读高中了,还要我操心,现在竞争多激烈。人家隔壁王大妈的儿子都出国了,唉,要不等你大学毕业了,也去外国留学吧,到时候也把我接过去看看,你妈长这么大,还没出过国呢,也不知道好不好。儿子,你说人家那边有懂中国话的吗?要是不懂……刚才说到哪儿了?哦,竞争激烈,有神州大众卡,再多说话也不怕。”以这种啰唆的家常话作为广告语表面上犯了广告大忌,但效果却出奇地好。

2.转换型

转换型是在研究问题时,由于某一问题解决的手段受阻,而换成另一种手段,或转换思考的角度,从而顺利解决问题的思维方法。如我们小学语文课本上讲的司马光砸缸救人的故事,实质上是一个用转换型逆向思维的例子。由于司马光不能爬进缸中救人,因而他就转换了另一种手段,砸破缸让缸内的水流出来,从而顺利救出小孩。

3.弥补缺点型

弥补缺点型是利用事物的缺点,将缺点变为可利用的东西,化被动为主动,化弊为利的一种思维方式。管理学上说“方便即为财富”。一些事物的缺点,正是创意可以产生的源泉。解决缺点,提供方便是最好的创意。

(五)灵感思维

“灵感”一词起源于古希腊,原指神赐的灵气。灵感思维具有跃迁性、超然性、随机性、模糊性和独创性等特点。灵感思维以逻辑思维为基础,以思维系统的开放,不断接受和转化信息为条件。大脑在长期、自觉的逻辑思维积累下,逐渐将逻辑思维的成果转化为潜意识的不自觉的形象思维,并与大脑内储存的信息在不知不觉的状态下相互作用、相互联系,产生灵感。在现代设计领域,灵感思维往往被认为是人们思维定向、艺术修养、思维水平、气质性格以及生活阅历等各种因素综合的产物,是一种高级的思维方式。

---

① 伍斌:《设计思维与创意》,北京大学出版社 2007 年版。

(六)模糊思维

在设计中,模糊思维运用人的潜意识活动以及未知不定的模糊概念,实行模糊意识和模糊控制,从而形成富有价值的思维结果。

(七)定量思维

定量思维是在处理问题时不仅作出概略、定性的结论,而且还要采用各种数学语言和数学工具使问题得到定量的精确表述,并通过定量分析求得问题的“精确解”。

(八)整合思维

法国遗传学家雅各布(Jacopo)说过:“创造就是重新组合。”成功的企业家大都具有很强的整合创新能力。他们思维开阔,思考问题的角度独特,能够把截然对立的两种观点和模式有机地统一起来。在碰到观点冲突时,不是简单地进行非此即彼的取舍,而是另辟蹊径,提出一个新思路:既包含了原来两种观点的内容,又比原来两种观点胜出一筹,这就是整合创新。

如日本的佳能公司,利用其在光学方面的专长,不仅开拓了照相机市场,也开发出眼科检测器、半导体生产设备、便携式摄影机等多种产品。

正如《竞争大未来》一书所说:“如果说日本公司的发明能力,在过去几年中远远赶不上一些西方的竞争对手,日本的吸收和整合能力,却可以弥补这方面的不足且绰绰有余。”

设计是一项涉及社会、经济、政治、技术多个领域的行为,它既涵盖了艺术创作,又涉及经济运作、生产制作与社会传播。所以,我们在提倡创新的同时,也要注重培养设计师整合创新的能力。这种整合的能力是设计师对周围各种因素,包括对当今世界多元文化的动向以及各种历史背景的理解、认识、吸收和把握。同时,设计师也要深刻理解和把握这些社会因素对设计的影响。总而言之,这种整合的能力反映了设计师对世界与本土文化、艺术、社会因素理解的宽广度。设计师不同于艺术家与工艺美术师,设计师必须对文化、市场、技术、传播手段有一种特别的敏感。可以说,设计师的成功与否很大程度上取决于其整合能力的高低。

当然,创意设计的思维方式远远不止这几种,还有形象思维、仿生思维、类比思维、直觉思维,等等。只有重视思维方式的培养,才能产生源源不断的创意。

二、创意设计的产生

我们是要做一个等待新鲜事物出现的人,还是要成为一个促使其产生的人？这是一种生活方式的选择。

大脑是地球上最强大、最万能的计算机。摸摸自己的前额并对自己说："这是地球上最强大的计算机!"问一些强有力的问题，以此来激活你的大脑计算机。

当我们面对新知识、新事物或新创意时，千万别将脑袋封起来，应该将大脑打开，去接受新知识、新事物。进行创意的机会每天都会从你的脑子里产生，关键在于你愿不愿意抓住它，愿不愿意让它留下来。

正如《心灵鸡汤》(财富版)一书中所说："大脑的主要任务就是做你分配的事情。"如果你问自己一些无力的问题，那么答案会增强你的无力感；如果你问自己一些有力的问题，你将会得到有力的答案。如果你问："为什么我还找不到自己的命运?"大脑会罗列出一些理由。但如果你问这样的问题："我喜欢什么？擅长什么？对我而言，什么是重要的?"你的命运就会开始在迷雾中显现出来。答案如滴落的灵魂的露珠，又如射入你眼睛的一道炫目的光线。

溢水的浴缸怎么会使阿基米德喊出"找到了！我找到了!"这样的话呢？一个落下的苹果怎么会使牛顿想到了引力这个概念？你的创意从何而来呢？

苹果在个人计算机领域的崛起就是一个很好的例子。1979 年，为了研发新型电脑，乔布斯决定到施乐公司的帕洛阿尔托研究中心参观考察。在参观的过程中，施乐公司的电脑专家向乔布斯展示了一台惊人的电脑——AITO。这台电脑上的很多特征后来成为了个人计算机中不可或缺的东西，例如，图形用户界面(简称 GUI)，它可以让个人计算机使用者以非文字的指令输入的方式与电脑互动；点阵影像图，可以把文字和影像合并起来；还有一个一点即成的名为"鼠标"的神奇设备。这台电脑还具有网络连接器、弹出菜单、移动窗口等。可以说，AITO 已经为现代个人计算机构造了基本雏形。这无疑是一项革命性的伟大发明。实际上，这台人们闻所未闻的伟大设备，在施乐公司的实验室里已经坐了很长时间的冷板凳。AITO 已经问世六年，可是施乐公司并没有人看到它潜在的巨大商业价值。毫无疑问，乔布斯是"识货"的人。他很快就发现了 AITO 的商业价值，这正是他梦寐以求的东西。就如乔布斯后来接受媒体采访时所说："在电脑行业，他们(施乐公司)从这一最了不起的成功发明中收获的只是失败。施乐公司本来有可能拥有如今整个电脑行业。"

因此，一个人不要只做别人已经做过的事，而是要寻找一些寻常背后的不寻常，只有这样，你在生活中才能处处找到创意的源泉。当你做与别人一样的事情时，不要以为别人做得很完美了，要找一个全新的思路去完善它；当你读一本书时，要把作者的思想融入到你的生命里，吸收到自己的脑子里，想想如何在明天应用这些想法，勇敢地进入新的领域。

一个人必须发现在他的生命里存在哪些有价值的东西，并努力发掘它，创意设计一定会在合适的时候给你带来财富。

第三节　设计中的创意

被誉为20世纪最漂亮的流水山庄住宅，最初准备建在瀑布的对面，以便面对自然，但是著名建筑师奈特运用创造性思维及逆向思维理念，将住宅建在了瀑布的上面，这座建筑实质是奈特有机建筑理念的再现。

现代人热衷购买设计新颖、性能超凡的产品，以满足人们日益增长的物质与精神需要。人的需求是设计创造的动力，因而可以说，我们正处于一个设计创新的时代。设计便是创新，如果没有创新，产品就会失去生命。

比如，以往提及消灭害虫的方法，人们马上会想到施放农药、喷杀虫剂，可是当喷出大量的化学药剂时，不单杀死了害虫，还污染了环境，并使蔬菜瓜果中残留大量农药，给人们的生活与生命带来危害。荷兰的一家蔬菜公司反其道而行之，采用一种益虫吃害虫的构想，即在蔬菜大棚内放置一台探测仪，测出该温室内的害虫数量，然后到专门生产益虫的工厂购买数倍于害虫的益虫投入大棚内，害虫由于寡不敌众，最终被一扫而光。这种绝妙的构想可谓一举数得，既减少了污染，又保证了蔬菜瓜果的天然、洁净，而且还发展了一个相关产业——益虫生产。

从上面的事例可以看出，设计者开始关注所有的社会群体，将设计创意的原则建立于泛人类的广义的生存道路上，设计作品评判原则的中心渐渐从物质层面的便利、快速、耐用、舒适，转向精神层面的人文、自然、个性化等，并试图引发人们进行长远的思考。

在日本某地有许多储存了几十年甚至上百年的旧木酒桶，以往都被人丢弃或当柴烧，某家具公司偶然发现它们并加以利用，使这些废弃的酒桶成了上好的木材。他们的做法是：先将木酒桶拆开，将弯曲的木板条进行热压处理，然后，将压平了的木板拼成板材，进行抛光、上漆等工艺处理，于是，这些板材成了桌子、茶几、长椅等家具的面板。利用旧木酒桶做的家具不仅造型美观，而且成本降低了35%以上。更让人想不到的是，因为木酒桶长时间被酒精渗透、浸泡，制造出来的家具竟然从未发生虫蛀现象。

第四节　创意艺术产品的价值

在现代市场经济，不论是在资本主义的市场经济体制下还是在社会主义的市场经济体制下，国家和社会的运转轴心转为经济。经济生活成了全社会的核心领域，是人们日常关注的焦点，商品原则渗透到社会的每一个角落，当然也渗透到文化艺术和道德情感等方面。

大量的事例都说明，市场经济体制下之所以智囊辈出、创意如潮，就是因为创意能够得到丰厚的报偿。社会以各种形式奖励那些有创意思想的人，不断激励着个人、组织、企业想办法、出主意、巧策划。

有这样一个故事：1987 年，在美国有两个邮递员，一个叫科尔曼，一个施洛特。两个人看到马路上有一个美国小孩的手里拿着一个发着绿光的荧光棒，当时这个玩具还是很新鲜的，于是两个大人就玩起了那个小孩子的玩具。这个东西还能做什么呢？这时他们看到了小孩手里拿着一个棒棒糖，于是这两个人就把棒棒糖放在了荧光棒的顶端。忽然就看到这个光线居然穿过了半透明的棒棒糖，闪现出了一种奇妙的光芒。

两个邮递员看到这个现象后觉得很有意思，于是想做一个发光的棒棒糖，并把这个专利卖给了美国开普糖果公司，结果销路非常好。两个邮递员随后又发现这个棒棒糖吃起来比较费劲，往往是糖还没吃完，腮帮子已经酸了。于是他们想出了在棒棒糖下面安一个小马达，这样一来可以转着吃，又省力又好玩，一举两得。这个小玩意儿在短短的几年时间里售出了 6000 万个，这两人发财了。

奇迹的接力棒到了开普糖果公司的领导人约翰·奥舍(John Osher)那里。有一天，奥舍来到了一家大超市，看到了很多牌子的电动牙刷，但是那时一把电动牙刷的成本价是 50 多美元，所以销量非常小。这时的奥舍突然想到了旋转棒棒糖的技术，采用那个技术生产电动牙刷，一把成本只要 5 美元。

就这样，美国日用品消费市场上最畅销的旋转牙刷诞生了，而且比传统牙刷卖得好。后来宝洁公司的老板坐不住了，只能和奥舍谈判，收购公司，预付款 1 亿多美元，但是合同要求奥舍和他的同事在未来的 3 年里留在宝洁公司。

可一年多后，宝洁公司就要提前结束这份合同。不是因为产品不好卖，而是因为它太好卖了，远远超出了他们的想象。如果按合同办事的话，3 年后宝洁公司付给奥舍的钱要远远超出预算，所以他们只能提前把合同结束了。最后奥舍和他的同事一共拿到了 4.75 亿美元。创新为他们赢得了巨额的财富。

下面从不同方面来阐述创意艺术产品的价值。

一、文化艺术方面

心理学家的研究表明，一个人的创意能力与他的思维能力成正相关关系，一个人的思维能力越强，他的创意力就会越强。而创意思维不受已有的思维定势和条条框框的限制，因此通过运用创意思维，我们能够独辟蹊径，从完全崭新的角度来认识事物和分析问题，从而达到“柳暗花明”的效果。

据说吴道子刚开始学画时，拜一位普通的画匠为师，这位老画匠对他循循善诱，毫无保留地将自己的全部画技传授给了吴道子。当他发现弟子的画技已经超过了自己时，就胸怀坦荡地让吴道子另择明师，继续学习，并告诉他：“要想取得事业的成功，必须‘不拘成法，另辟蹊径’。”吴道子在离开老师后，始终遵循师父的“不拘成法，另辟蹊径”的教诲。首先在学习上打破已有的框框，他勇于从传统学画的老路中走出来，不是拜画家为师，而是拜书法家张旭为师，进行创意学习。张旭是唐代著名的狂草书法大师。吴道子跟张旭学习书法，一方面，从他笔走龙蛇的草书中汲取营养，另一方面，也学习了张旭的创意精神。经过刻苦努力，吴道子终于做到了将书法绘画融为一体，首创了“兰叶描”技法，并有了后来那幅千年闻名的画作——《天王送子图》。

盲目从众，人云亦云的人是不可能有创意品质的。只有敢于标新立异、善于独辟蹊径、爱好独树一帜者才会有独立的思想和独到的见解。独立性是创意者的必备品质。

二、文学艺术方面

在文学艺术方面，近年来英国出版业的繁荣在世界范围内有目共睹。以《哈利·波特》(*Harry Potter*)为例，仅图书出版一项就销售2亿册，电影系列的票房收入达5亿多美元；除此之外，与《哈利·波特》内容相关的电脑游戏产品和软件的销量也十分可观。《哈利·波特》品牌的运作成功，不仅使其版权所有者J.K.罗琳超越英女王成为英国首富，其本身也成为英国创意产业的典范。

另外，国内近年火爆的《狼图腾》也是创意成功的一个典范。

《狼图腾》是一部由几十个有机连贯的“狼故事”构成的小说，讲述了20世纪六七十年代内蒙古游牧民与狼之间的感人故事。该书国内销量已超过100万册，并连续17个月位列全国文艺类图书发行排行榜的前3名。2005年8月，企鹅集团与长江文艺出版社签约，买下了《狼图腾》一书的全球英文版权。签约当日，企鹅集团预付了10万美元。目前，此书已在全球英语国家发行。

《狼图腾》畅销的原因有很多，概括起来主要有以下三个方面。

(1)“内容为王”是走向成功的重要因素。《狼图腾》从一个没有文化差异的动物故事中映射了人与动物如何相处、传统文化和现代文化如何对接等全世界关注的话题。同时，该书抓住了要走向世界的图书所要具备的原创性、艺术性、人道主义和世界性等诸多特点。

(2)媒体的宣传是一大创新点。出版社在分析了《狼图腾》的特点后，认为狼的精神对塑造企业和民族文化有所帮助，所以，就请提倡“与狼共舞必先为狼”的张瑞敏、以末位淘汰管理著称的潘石屹和苍狼乐队的蒙古歌手腾格尔提意见，让《动物世界》的解说者赵忠祥等阐发人与自然的关系……结果反响很好。市场化的手段都被《狼图腾》用得恰到好处。

(3)外在氛围的烘托。平日里人们早已厌倦了一场场生活里的战斗，与天斗、与地斗、与人斗、与市场斗、与感情斗，更与自己的愚蠢、胆怯、自卑不停地抗争，更多的人把这种不满和情绪压在心底，无处宣泄。而《狼图腾》就像一把火，犹如一股风，唤醒沉睡已久的人们的心！宁做狂野里奔啸的狼，也不做马戏团里漂亮的老虎！

三、视觉艺术方面

视觉传达设计是指利用视觉符号来传递各种信息的设计，主要包括标志设计、广告设计、包装设计、企业形象设计等方面。它在企业—商品—消费者三者之间起着沟通的作用。视觉传达设计主要以文字、图形、色彩为基本设计要素，在精神文化领域以其独特的魅力影响着人们的感情和观念，在日常生活中起着十分重要的作用。

比如，乔治知道很多洗衣店在烫好的衬衣领上加一张硬纸板以防止变形。他写了几封信向厂商洽询，得知这种硬纸板的价格是每千张 4 美元。他的构想是，在硬纸板上加印广告，再以每千张 1 美元的低价卖给洗衣店，赚取广告的利润。

广告推出后，乔治发现客户取回干净的衬衫后，衣领的纸板丢弃不用。他问自己:“如何让客户保留这些纸板和上面的广告?”答案闪过他的脑际。他在纸卡的正面印上彩色或黑白的广告，背面则加进一些新的东西——孩子的着色游戏、主妇的美味食谱或全家一起玩的游戏。结果，有一位丈夫抱怨洗衣店费用激增，后来他才发现妻子竟然为了收集乔治的食谱，把可以再穿一天的衬衫送洗。

当今社会是一个消费的社会，是一个追求名牌的社会，而名牌的产生是与设计创意的发展分不开的。世界著名的公司无一不是将企业文化、设计风格一贯地融入其不同类型、不同型号的全线产品中。鲜明的产品整体形象识别的风格化表现，一方面，有利于树立统一的企业形象，另一方面，可以传递企业的独特文化内涵。

当然，视觉设计艺术的创新在手段与方式上是与时俱进的，它有着不同以往的时代特征及表现手段,以往形态上的平面化、静止化开始渐渐向动态化、立体化、综合化方向转变。以互联网为代表的网络及数字文明的新社会,迫切需要创新的设计观念。

四、媒体艺术方面

包括动画、电影、数字技术、多媒体、影像等在内的媒体艺术带来了视觉世界的彻底变革,仅《阿凡达》(*Avatar*)一部电影,就引发了全球电影业甚至媒体行业的重新洗牌。媒体艺术蕴藏着无限的商业新机,其更新速度和影响力远超传统艺术之上。

《阿凡达》是一部科幻电影,由著名导演詹姆斯·卡梅隆执导,二十世纪福克斯出品,该片有 2D、3D 和 IMAX-3D 三种制式供观众选择。影片的预算超过 5 亿美元,成为电影史上预算金额最高的电影。

卡梅隆是好莱坞众多身体力行支持 3D 立体电影的大导演之一,他鼓励院线商尽快地把影院改造成立体影院,以满足越来越多的 3D 数字立体电影的上映。"三年前,我站在这里预言立体电影将会复兴,"卡梅隆站在台上说,"根据这三年间我们看到的电影业的发展,可以说立体电影的时代已经到来了。"

《阿凡达》获得北美电影票房历史排名第一,全球第一部海外票房突破 13 亿美元,并一路到达 19 亿美元。该片的成功经验值得大家借鉴。

五、表演艺术方面

英国主要的创意产业在近几年都取得了不错的发展,在表演艺术、音乐、电影、出版、艺术品等方面都有不错的创意成果。以表演艺术方面为例。英国的舞蹈、歌剧、话剧和音乐剧的创作、演出、节目制作都非常出色。英国有 6 万人从事舞蹈工作,是公众参与程度最高的文化行业之一。英国的舞蹈行业拥有皇家芭蕾舞剧团、伯明翰皇家芭蕾舞剧团等世界上最优秀的舞蹈剧团。作为莎士比亚之乡,英国的歌剧行业也非常兴盛,每年有超过 300 万观众观赏歌剧。英国有 1/4 的民众去过剧院观赏话剧,相当一部分人也曾经写过剧本或接受过话剧方面的专业训练。英国的音乐剧《猫》,是国家音乐剧的经典之作,从 1981 年首演至今,演出已超过 6000 场次,票房数 10 亿美元。《猫》保持了音乐剧演出时间最长的世界纪录,被称作"世纪音乐剧"。

另一部音乐剧《妈妈咪呀!》(*Mamma Mia*!)也是经典之作。1999 年 4 月 6 日,就在 ABBA 合唱团以"Waterloo"赢得欧洲歌唱大赛冠军的 25 周年那天,伦敦西区的爱德华王子剧院创新性地推出了一出由 20 多首 ABBA 畅销经典组合而成的全新音乐剧《妈妈咪呀!》,造成了空前的轰动,全世界已有超过2000万人爱上了故事里的角色、内容以及音乐。作者凯瑟琳·强森充满阳光欢笑的故事内容在希腊的一个岛屿天堂里展开。故事是讲一个女儿在她婚礼的前夕打算展开寻父计划,她将3位可能是他父亲的男人带到她母亲20年前曾探访过的岛上。配上ABBA传唱不朽的歌曲,这个交织着爱、亲情、友情的动人故事极具魅力,伴随人们度过每个夜晚。《妈妈咪呀!》是全世界目前拥有最多演出的音乐剧,总共有11个国际演出(9个长驻演出及2个巡回演出),一周有超过800万美元的票房收入。全世界看过此剧的观众人数已超过2700万人次,全世界每晚有超过18000人观赏表演,已创造超过16亿美元的票房总收入。《妈妈咪呀!》以比其他音乐剧快得多的速度在世界范围内进行首演,自从7年前在伦敦的首场演出之后,已在130个大城市上演过。

《妈妈咪呀!》最初的原声带已在美国和澳洲卖出白金销售量,在加拿大及韩国则卖出双白金,英国有双金,德国、瑞典、新西兰则有金唱片的销售量。特别版在英国、爱尔兰、韩国、新加坡、中国香港卖出金唱片的销售成绩。德文版的《妈妈咪呀!》原声带在德国创造白金销售纪录。荷文版在荷兰也有着白金唱片的好成绩。瑞典版也有金唱片的纪录。

从中不难看出,表演艺术的整合与创新对于创意产业的发展会起到巨大的推动作用。

第五节　创意设计学拓展创意产业领域

当今社会,政治、经济、文化飞速发展,创意产业的门类划分越来越细。创意设计学作为一门细分的学科,对于目前创意产业发展的理论需要,思维发展的深层次需要,艺术设计学科发展的需要,艺术设计教育的方法、手段与内涵都发生了变化。现代的创意产业处于一个开放、敏锐、知识竞争的空间,设计师之间的竞争则体现在艺术设计与企业生产、市场需求、产品开发等诸多环节的有效合作及合理取舍上。

通过上面的分析,我们可以给创意设计学下这样的定义:创意设计学,是研究如何以丰富多彩的设计文化为源头,以信息化为代表的当代科学技术成果为前提,充分激活人们所独具的睿智才华和非凡的创造潜能,针对相对独立的设计学科及设计产业,具有极强的实践性和操作性,并使独特的设计创造形成产业,从而引领经济发展、艺术设计发展与社会进步的学科。

因此,创意设计学拓展了创意产业的领域,具体可以从以下几方面来分析。

(1)如前所述,创意设计学的特点是具有极强的实践性和操作性,其目的是充分激活人所独具的睿智才华和非凡的创造潜能,其宗旨是使独特的设计创造形成产业。因而它作为一门新兴的学科,一开始便具有鲜明的产业上的应用性(产业化)特征,由此,创意设计学的实践性品格及实用性是不言而喻的。

(2)澳大利亚学者迈克尔·基恩曾预言:"21世纪,我们(消费者、观众和公众)将会经历利用文化资源方式的空前变化。"好的设计往往体现了科技人性化的一种内涵与外化,因此,充分认识设计的重要社会价值,从设计是生产力的角度予以关注并对其进行理论上深入的研究。创意设计研究这一概念应该严肃地作为一种产业——一个可以提供培训、就业、出口税收和外汇的产业。创意设计产业说到底是人才的竞争。创意设计学的完善,将有效革新教育培训机构,加大对创意设计人群的培养力度,特别是高端设计人才、复合型人才、营销人才、技术人才的培养;同时,不断完善和优化有利于构建、吸引和持有人才、技术和资金的商业环境。

事实上,自20世纪末以来,创意设计产业作为一种以文化为基石、以创意意识为统领的产业已逐渐引起关注和重视。随着经济的全球化,很多国家和地区都成立了现代的工业设计研究中心,全面推行和实施现代设计。

(3)在这个背景下,创意设计学的诞生恰逢其时,它应该就如何促进创意设计,并如何更好地推进创意设计走向产业化作出解答,就创意设计产业的本质特征,文化与经济的关系,创意的产业化途径,创意设计的独创性,设计与文化的关系,设计与经济的关系,创意设计与新技术、新材料的关系,创意设计环境的建设,创意与中国文化的关系,创意设计的中国特色,创意设计的国际化等当代创意产业的实践所提出的问题作出思考,进而通过对这些理论问题的探讨来推动、指导、影响创意产业。因此,创意设计学的实践性品格决定了它是一门充满蓬勃生机的科学。它在创意产业的理论性、创意产业的合理性、创意产业的发展方向等方面作了更为翔实的思考与探讨。

(4)创意设计学作为一门独立的学科,可以引导对设计产业作科学的思考及定位,避免盲目发展;加快体制机制改革的步伐,为创意设计产业营造宽松的发展环境。创意企业大多是中小企业,普遍缺乏资金、信息、管理和业务渠道,独立生存能力不强。创意设计学可在创意产业建立项目评估网络、建立知识产权交易平台、风险投资等方面进行探索与指导,对其作有效的服务。

创意设计学本身也将不可避免地研究很多新问题,进行新的探索和创造,从理论及实践上拓展创意产业的领域,这本身也是一个创新性的成果。

第六节 创意就是财富

满足客户需求是平庸公司所为，引导客户需求才是高手之道。

创新是需要持续进行的，没有长盛不衰的产品，也没有一劳永逸的成功模式，任何优势都是相对的，在一个时期可能处于优势地位，但进入另一个时期可能就被竞争对手所取代。

1996年，日本玩具制造商万代(Bandai)，推出了小小的电子宠物，在市场上引起轰动，很多青少年都迅速喜欢上了这款产品，并且为这种需要电子食物和安慰来维持生命的宠物而疯狂，很快万代公司便售出了1000万只。万代预计销售量会日益增长，于是拼命生产，但由于竞争对手生产的同类产品进入市场，销售开始下滑，大量存货滞销，承受了巨大的库存压力。

即使是强大的丰田也认识到，其在美国市场上曾经是突破性的，现在是主导性的产品，比如凯美瑞轿车、坦途皮卡及塞纳多功能休闲旅游车，正在进入产品生命周期的末期。如果要维持其在汽车业的主导地位，将其产品线推陈出新是绝对必要的。

有调查显示，20年来中国新创办的企业有80%被市场淘汰了，为什么会出现这样的情况？究其原因，仅仅是因为市场竞争吗？当然不全是，现在很多大企业，创建初期规模也很小，为什么他们能够生存与发展，当然原因很多，但关键是领导者的思维方式，一个不断创新的、有想象力的企业家，才有可能带出一个充满活力的企业。

日本米多尼公司是生产创可贴的专业厂家，由于这样的橡皮膏生产工艺简单，所以市场竞争十分激烈。眼看着自己的市场占有率不断下降，米多尼老板愁眉不展，苦思良策。终于想到了一个创意——注入情感销售。很快，一种名为“快乐的作品”的新式创可贴在市场上出现了。受伤本是痛苦的事，何来“快乐”？待看过新产品的包装式样，你便会惊叹于这创意的新奇了。新式创可贴摒弃了传统产品的肉色，一反常态地采用了鲜艳的桃红、橘黄、翠绿、天蓝等颜色，外形也不再是单调的条状，而是采用了心形、五星形、十字形和香肠形，还印有“花头经”“好疼啊”“我快乐极了”等幽默动人的文字，让人看了忍俊不禁。这种带有情感创意的创可贴一经推出，求购者十分踊跃。“快乐”的创可贴在不到一年的时间里，就售出830万盒，销售额高达15亿日元，令那些墨守成规、没有新意的对手们目瞪口呆。

20世纪90年代，华为技术有限公司总裁任正非在美国考察时发现，IBM公司、贝尔实验室、惠普公司等都十分重视研发，各个大公司的研发经费都占销售额的10%左右，而且能够依靠研发创造机会，有力地促进了企业在未来的发展。学习归来后，任正非深受启发，把“坚持把销售额10%拨付研发经费，追求在一定利润水平上成长的最大化”纳入华为的核心价值观。如今华为公司坚持把不少于销售收入的10%用于前沿技术、核心技术及基础技术的研究。然而，整体而言，中国企业和其他跨国公司相比，在研发投入上相对较少。

100多年来，世界上对经济发展起决定作用的技术几乎全部源自企业。如通信现代化源于贝尔实验室，汽车现代化源于英格索尔、西门子实验室，电气现代化源于通用电气实验室，化工现代源于杜邦、拜耳实验室，飞机现代化源于波音，计算机现代化源于IBM、英特尔、微软实验室，等等。

从以上这些例证中不难发现，企业成为技术创新的主体，而建设企业技术中心是提升企业技术创新能力的关键环节和重要内容，也是企业自我发展、提高竞争能力的内在需求和参与市场竞争的必然选择。建立企业技术中心的目的，就是要形成适应市场竞争要求和企业发展需要的企业技术开发体系及其有效运行机制，提高企业的市场反应能力、协调能力、运用资源能力和自主创新能力，从根本上提高企业的核心竞争能力和发展后劲。

在市场经济条件下，企业“要么创新，要么灭亡”。为了在激烈的市场竞争中立于不败之地，企业必须具备核心竞争能力。因此，企业家必须花巨资建立自己的技术中心，吸引高水平的科研人员，从事开创性的研究工作。

创意产业是什么？如果创意设计是思想活动的结晶，“创意设计产业”就可以顺理成章地被理解为是一种思想的交易，是将人们的思想转化为产品并进行买卖。

21世纪，科技更发达，人文关怀被放在了更重要的位置。商品更丰富，市场更成熟，创意设计也显得更重要。美国创意设计大师乔治·路易斯(George Lewis)说过：一个伟大的创意设计能改变我们的大众文化，一个伟大的创意设计能转变我们的语言，一个伟大的创意设计能开创一项事业，一个伟大的创意设计能彻底改变世界。

第六章　创意包装学

案例与分析

五款创意包装设计欣赏

包装的作用不仅仅是用来存放商品，好的包装更能刺激消费者的购买欲，让人欲罢不能。下面五个创意包装哪个最让你心动呢？

(1)匡威鞋(见图 6-1)。

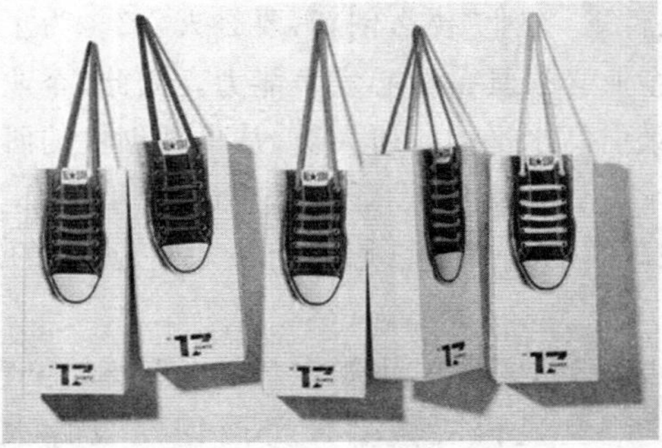

图 6-1

(2)纱线(见图 6-2)。

从袋中拿出时，势必震惊全场。

图 6-2

(3)牛奶(见图 6-3)。

借错位完成的设计,相当形象。

图 6-3

(4)六份装的意大利面(见图 6-4)。

空虚的中部,主妇们应该没兴趣。

图 6-4

(5)果味酒(见图 6-5)。

像吃水果一样,喝水果酒之前也要剥皮。

图 6-5

第一节 印刷包装产业的界定

印刷是我国古代的四大发明之一，是古代劳动人民智慧的结晶，它对人类文明的贡献是不可估量的。因此，有人把印刷称为“人类文明进步之母”。传统印刷的定义是使用印版或其他方式将原稿上的图文信息转移到承印物上的工艺技术。印刷是图文信息复制技术，能够将原稿上的图文信息大量、低成本地再现在各类承印物上。印刷品是传播科学文化知识的媒介，是教育事业必须具备的物质基础，是包装宣传商品的一种手段，印刷与人们的日常生活密不可分。NAICS（北美产业分类体系）将印刷产业分为商业印刷、快速印刷、数字印刷、票据印刷等，其中商业印刷占据重要地位。包装是指设计并生产盛放商品的容器，并在商品的流通过程中起到保护、方便储运、促进消费的作用。印刷包装产业是以美化、识别、宣传商品为主要目的而采用印刷和印后加工处理技术，并在此基础上发展起来的一个新的工业产业。印刷包装产业作为国民经济的配套服务行业，伴随着社会经济的快速发展，特别是改革开放以来，得以迅速发展，正在形成一个以纸、塑料、金属、玻璃、印刷、机械为主要构成，拥有一定现代化技术与装备，门类较齐全的现代工业体系。①

一、印刷包装产业的发展特点

印刷术的出现，标志着人类掌握了文字信息的大批量复制技术，开始了对信息的批量生产，从而使知识、思想、宗教、文化有了传播的载体。印刷包装工业作为重要的工业之一，一直保持着高速、持续的发展。随着高新技术和设备的不断引进，印刷的整个流程——从印前处理技术的创造性发展到最终的印刷本身，一个以数字化内容为核心的新型产业链正在兴起；同时，随着行业结构、企业结构和产品结构的调整，印刷业内发生了可喜的变化，形成了新的特点和发展趋势。②

（一）从技术层面看

印刷包装产业一直是中国技术改造最为活跃的工业领域之一。随着信息技术的发展，数字化的印前工艺技术已成为主流；现代化印刷设备的制造、引进也快速增加，逐步向多色、高效印刷发展；网络技术的发展、数字化作业环境

① 白丽丽：《发展绿色包装印刷，势在必行》，《工业设计》2010 年第 6 期。

② 陈梅等：《浙江印刷企业发展问题研究》，《经济论坛》2006 年第 7 期。

的日益成熟，使得印刷包装的相关企业的技术合作渐渐形成；电子商务时代的到来，使印刷包装企业的产品营销找到了新的突破口。这些转变足以证明印刷包装产业已把数字化、网络化技术作为发展的方向，正积极采用数字化工艺流程和跨媒体出版技术，加快推进印刷包装产业的信息化进程。随着互联网、多媒体、电子书等技术的广泛普及及应用，专属于印刷包装产业的数字化文件已经不仅只呈现在纸张、塑料等传统的承印物上，也会呈现在各式各样的电子产品上，因此，这也是一个电子和印刷相融合的时代。

（二）从产品层面看

当前，全球性的消费趋势是用个性化的产品来表达与众不同的生活品质和生活方式。对于生产厂家而言，则需用更多具有个性特色的产品去迎合越来越细分的消费市场。这种个性化特色不仅反映在产品上，也体现在产品包装、设计风格、运送方式上。印刷包装产品的设计以追求效益、实用、美观为目标，是技术学与艺术学相结合，又融合了使用过程中人、物、环境因素，尤其是包装印刷材料、造型、插画等，它的特性主要表现为市场需求的不确定性、产品的原创性、技能的综合性、质量的差异性及产品的有价值性。所有这些使得印刷包装产业呈现出个性化、短版印刷和更短的印刷周期的趋势。

（三）从消费层面看

人们日常生活使用的消费物资，几乎都与印刷包装产品密切相关，印刷包装产业属于市场稳定的内需产业。在人们的知识水平与消费能力的双重提升之下，文化出版市场更加活跃，资讯整合的服务需求更加殷切，这为平版印刷业务、包装印刷业务提供了多元化服务的商机，也吸引了企业家们投入这块潜力无穷的知识消费市场。包装印刷产品除具备使用功能外，还兼任文化传承使者的重要责任，其不仅是特定文化符号的装置，也体现着设计者对自然社会和人类文化产生的认识和体验，能够引导人们养成良好的消费习惯。

二、印刷包装产业的发展趋势

未来印刷包装业的发展趋势呈现出创意设计、低碳环保、科技创新、品牌建设、教育培训五大特征。

（一）创意设计

对于印刷包装企业来说，要在产品的创意设计上取得突破，打造自主品牌，加强企业在市场上的影响力，应该充分利用在印刷技术上的优势，使自己转变成为“为客户提供创意设计、印刷包装全方位的包装解决方案供货商”的角色。

(二)低碳环保

绿色包装将是世界范围内印刷包装业发展的主题,防止和减少污染必将成为印刷包装企业未来努力的方向,绿色、环保、低碳将是检验企业能否在激烈的市场竞争中占有一席之地的关键。

(三)技术创新

对于印刷包装产业来讲,数字化印刷工艺流程的建设和应用是企业技术创新的关键环节。通过建立数字化工艺流程,利用计算机系统实现企业与客户间的数据传送、印刷生产管理、远程打样签样的直接对接,节省时间,提高效率。

(四)品牌建设

印刷包装企业重视服务的品牌企业客户,但往往忽视了本身企业文化品牌的培养。在未来的市场竞争中,设备、技术、产品都趋于同质化,企业的文化及品牌的重要性将会更加凸显。品牌建设对于印刷包装企业自身发展的重要性逐步得到认同。

(五)教育培训

人才是促进产业经济发展的重要资源,培养数量充足、结构合理、素质齐备的专业人才是加快产业经济发展的百年大计。相对于其他行业而言,我国印刷包装的专业技能人才的培养比较欠缺,全国高等院校开设印刷包装专业的不多。同时,由于印刷包装企业工作环境及工作内容的特殊性,企业的人员流动率大,这就需要企业自身在员工的教育培训上加大投入的力度。

第二节　印刷包装产业的发展概述

一、印刷包装产业对国民经济和社会生活的影响

(一)印刷包装产业的产业关联度高

印刷包装产业是加工制造业的重要组成部分,除了需要设备、材料等的供应,还需要配备计算机和专业的应用软件。印刷包装产业同出版、广告、文化传播、美术设计、仓储物流等行业都有密切的联系。从产业链的角度讲,印刷包装产业关联第二、第三产业,既有加工制造业的特点,又有现代服务业的特征。印刷包装产业的快速发展将带动相关产业的共同发展。

(二)印刷包装产品与人们生活息息相关

在人们的日常生活中,几乎所有的商品都需要印刷和包装,而且商品的印

刷包装与人们的消费观念和喜好密切相关。按照国际统计协会提供的公式计算，良好的印刷包装设计效果能提高商品15%—18%的附加效益。随着人们生活水平的提高以及收入的增加，对高品质文化印刷包装产品及服务的需求将会有更大的上升趋势。

(三)印刷包装产业的就业吸纳能力强

印刷包装产业不仅是劳动密集型产业，同时也是知识密集型、技术密集型产业。印刷包装产业具有较长的生产工艺流程，从前期设计、生产加工到后期处理都需要设计人员、熟练操作工人、管理人员等。印刷包装产业每万元资产吸纳从业人员0.00193人，单位资产吸收的从业人员是一般工业的19.68倍(根据《上海统计年鉴》有关数据计算)。

(四)印刷包装产业是都市型文化产业

印刷包装产业属于典型的都市型文化产业，其产品在文化传播、知识普及以及满足人们的消费需求方面发挥着积极作用。该产业主体基本上以中小企业为主，机动灵活，容易产生集聚效应，同时还具有轻型化和创意性的特点。

二、印刷包装产业发展的现状

(一)利润微薄的冲击

在20世纪七八十年代，由于印刷设备少、技术相对落后、生产效率低，印刷的业务量多，所以从事印刷包装生产的企业能够获得丰厚的利润。进入20世纪90年代，随着经济的发展，尤其是改革开放以来，印刷设备和印刷技术都得到很大提升，生产效率有很大提高，独资、中外合资的印刷包装企业数量呈几何级增长，导致印刷包装业务被瓜分，印刷包装利润趋向微利化发展。

微利化的形成主要是印刷包装企业同时受到三方挤压，即上游产业，也就是印刷企业的供应商，如纸、塑料等原辅材料供应商；下游产业，即印刷企业的客户，如制药、酿酒、化妆品、食品等生产企业；印刷同行。

1. 上游产业的挤压

纸张、塑料、油墨及其他辅料，因受原料价格波动影响，印刷包装产品也会相应地进行价格调整。以塑料为例，伊拉克战争以后，国际石油价格连续攀升。塑料印刷包装企业的主要原材料是塑料，受国际油价上涨的影响，塑料价格也大幅上涨。如聚乙烯，2003年6月，每吨大约6500—7000元，而到2005年7月，价格已上涨到每吨15000—16000元，两年间价格上涨130%。这对塑料印刷包装企业来说，无疑是一大灾难，130%的上涨幅度，企业很难自行消化，这种危机又难以向下游产业转移。因此，整个行业举步维艰，亏损企业数量不断上升，甚至在全国颇有知名度的一些大企业也难逃亏损厄运。

2. 下游企业的挤压

由于食品、药品、化妆品等行业竞争激烈，为降低成本、增强产品竞争力，下游企业每年都会要求其供应商(包括印刷包装企业)在上年的供应价格基础上再下浮3%—5%。特别是一些规模大、品牌好的合资、外资企业，每年要对其供应商作一次考核评估，并在此基础上，提出价格下浮3%—5%的要求。如不能满足其要求，很可能会将此业务转移他方。因此，印刷包装企业对此做法既头痛又无奈，往往这种业务经过几年的价格下浮，就会成为“鸡肋”。

3. 印刷同行的挤压

印刷包装产业由于行业门槛较低，20世纪七八十年代，行业利润率较高，因此产业扩张迅速，特别是近十年来，每年都以两位数并高出经济增长2%—5%的速度高速增长。其中有一部分是盲目引进，重复建设。比如，凹印机在云南一个省就有50多条生产线，据称，实际开机率大约60%多一点，类似情况，在其他方面，如平版胶印等都时有发生。这种盲目踏进这个行业，盲目引进设备的做法加剧了这一行业的竞争。僧多粥少，许多企业嗷嗷待哺，印刷包装业务成为稀缺资源。为从别家企业手中争夺印刷业务资源，很多企业被逼使出降低印刷工价这一实际上是饮鸩止渴、戕害行业的行为。为了自身的生存，企业之间相互压价，惨烈竞争，把整个行业拖入了微利甚至亏损的深渊。

(二)环保理念的盛行

随着国家对环保问题的重视和国民环保意识的增强，“绿色”一词成了当今社会的一个时髦词汇，绿色能源、绿色食品、绿色建材……已成为我们日常生活的一种追求和时尚。随着绿色消费观念的深入人心，“绿色包装”“绿色印刷”的呼声也随之高涨。所谓“绿色包装”“绿色印刷”，主要是指印刷包装不破坏生态环境，不威胁人体健康，节约资源消耗。例如，用水性油墨替代苯类油墨，用水性上光替代油性上光，用蜂窝纸板、纸浆模塑材料替代聚苯乙烯发泡材料，这些都可以减少对环境和人体的损害。

2006年，国家发布《绿色食品包装通用准则》(以下简称《准则》)。根据《准则》要求，产品包装考虑的首要因素是尽量减少材料使用量；包装必须无毒可降解；包装废弃后，经过一定处理，可重新回收利用；包装表面不得涂蜡、上油，不允许涂塑等防潮材料；纸箱上的标记必须用水性油墨；金属类包装、玻璃制品不应使用对人体和环境造成危害的密封材料和内涂料，塑料制品不允许使用发泡聚苯乙烯、聚氨酯等产品；外包装应有明示材料，使用说明及重复使用、回收利用说明及绿色食品标志，印刷外包装的油墨或贴标签的黏合剂应无毒，且不应直接接触食品。

（三）产业园区的优势

印刷包装产业的高速发展，使印刷包装产业的园区建设成为各地政府和业内外人士的热门话题，许多地方都倾全力投入，"印刷包装基地""印刷包装城""印刷包装产业园"犹如雨后春笋，在全国各地特别是沿海地区遍地开花。如广东中山的中国印刷包装基地、浙江温州的中国印刷城、江阴的软包装生产基地、河北雄县的中国北方塑料印刷基地、上海的国际印刷包装城、沈阳的东北印刷包装城等。近些年，珠三角印刷产业带、长三角印刷产业带、环渤海印刷产业带，还有大珠三角印刷产业带、泛珠三角印刷产业带等新名词、新概念更是不绝于耳。园区建设呈现规模越来越大、范围越来越广、层次越来越高的发展趋势。

建设印刷包装产业园区有以下几个方面的优势。

1. 集聚化优势

在产业园区内，高密度集聚同一行业的企业群，将大大促进企业经营意识、经营环境和作业流程的改善，这就是企业集聚所产生的效应。印刷包装园区通过许多知名企业、有特色的企业（包括印刷包装器材供应商），在园区内形成企业集聚，这样，更容易吸引客户。他们来园区的感觉就如同进了大超市，选择余地大，不管要何种包装、哪种印刷，在园区内部都能找到。此外，由于园区内企业集聚，会使得价格更合理、服务更完善、质量更放心，能够吸引更多的客户，为企业带来效益。所以集聚效应最终会产生规模效益，不管是大型超市、美食街，还是印刷包装园区都是这样。

2. 无缝化优势

园区一般招商引进的企业不仅有印刷包装企业，还有同一产业链上的原辅材料、机器设备供应商，甚至还有食品、日化、电子等下游产品生产企业。这些同一产业链上的上下游企业通过园区这一平台，在地域上相对集中地链接在一起，在园区内形成关系密切、相互依存的产业链。这种链接产生的效应是上下游产业之间信息沟通快捷，供货时间缩短，商务成本降低，售后服务方便，形成共赢的局面。

3. 差异化优势

企业发挥各自优势和特长，通过差异化发展，形成错位竞争。园区招商引进的印刷包装企业规模大小、实力强弱、加工特点都不尽相同。能够实现拥有印前、印刷、后续加工的大部分设备和加工能力的企业毕竟不多，因此会出现专业加工的小企业或者微型企业，如有的专门从事印刷，有的专门从事后续加工，形成差异化发展的产业格局。通过发挥各自设备的优势和加工特长，相互协作配套，也能生产出印刷包装精品来。这不仅可以避免园区企业高度同质化所引起的恶性竞争，而且还能形成企业差异化发展所产生的错位竞争的良好效应。

4.效率化优势

由于园区内企业集中，便于政府进行产业管理和政策引导，这可大大节约政府的管理成本和提高政府的管理效率；同时，也有利于政府根据园区的特点和实际情况集中制定一些优惠、扶持政策或针对某一特定对象制定特殊的政策，使园区内的企业得到更多的实惠和发展机会，这就是园区带来的效率效应。

尽管印刷包装园区有众多优势，但建设园区毕竟还是需要具备一定条件的。从硬件条件看，如土地资源、资金筹措、产业集中度等；从软件条件看，如园区管理、资源整合、各方利益的协调等。另外，还有软、硬件的配合与协调，等等。总之，建设印刷包装园区是一个复杂的系统工程，需要具备一定条件，并精心策划、合理运作，才能成功。

三、印刷包装产业的发展机遇

近年来，随着印刷包装产业一步步发展壮大，印刷包装产业在产业发展中的重要作用突出，逐渐成为国民经济和社会发展的强力“引擎”。

随着人们生活水平、生活质量的不断提升，对精神文化的追求成为人们关注的焦点。从越来越精美的商品包装、越来越吸引人的广告海报、越来越多的各类书籍，到自主设计的明信片、各种独立杂志、各色情感笔记本，在不断精美起来的视觉文化背后，作为制造业的印刷包装产业以一种更高的姿态——文化产业逐渐走进了人们的视野。

党的十七届六中全会确定了文化建设是中国特色社会主义事业总体布局的重要组成部分，文化更加繁荣是全面建设小康社会的重要目标和重要保证。中华民族伟大复兴必然伴随着中华文化繁荣兴盛，要更加自觉、更加主动地推动文化大发展大繁荣，在中国特色社会主义的伟大实践中进行文化创造。[①]“十二五”规划纲要从推动科学发展的高度提出未来五年我国文化发展的目标任务，强调要基本建成公共文化服务体系，推动文化产业成为国民经济支柱性产业。印刷包装产业兼具文化产业和加工工业的双重属性，是我国国民经济

① 云杉：《文化自觉　文化自信　文化自强——对繁荣发展中国特色社会主义文化的思考（上）》，《红旗文稿》2011年第10期。

的重要组成部分。2009 年 8 月，国务院发布《文化产业振兴规划》，将印刷包装产业列为重点发展的九大文化产业之一。这进一步明确了印刷包装产业在国民经济和社会发展中的战略地位，为我国印刷包装产业的发展提供了难得的历史性机遇。“十二五”期间，我国印刷包装产业发展面临着复杂的形势，挑战与机遇并存，在推动文化产业发展进程中担负重要责任。

第三节　文化创意产业与印刷包装产业融合的理论基础

什么是产业融合？我国学者厉无畏认为，产业融合是指不同产业或同一产业内的不同产品相互渗透，相互交叉，最终融为一体，逐步形成新的产业的动态发展过程。① 在经济全球化、高新技术迅速发展的大背景下，产业融合已经成为提高企业生产率和竞争力的一种发展模式和产业组织形式。实践证明，产业融合对促进传统产业创新、推进产业结构优化与产业发展、促使市场结构在竞争合作中不断趋于合理化、加速区域之间资源的流动与重组以及推动区域经济一体化等具有十分重要的作用。

一、印刷包装产业的文化变革

当今世界，文化创意产业正引领新一波经济崛起的浪潮，印刷包装产业也在借助文化创意产业实现着行业的振兴。印刷包装产业发展至今，已经是国民经济不可或缺的重要产业。印刷包装的基本功能是复制传播图文信息、方便商品运输、介绍或说明商品的功能并促进消费，同时，发挥着文化传播与传承的重要作用。因此，印刷包装产业是与人们的生活密切相关的行业，更应当坚持科技进步与人文关怀。

在我国国民经济和人民消费水平不高的时代，产品印刷包装处于“简单包装、简单印刷”的阶段。印刷包装产业被视为“配套行业”，印刷包装材料分别归属于各材料产业部门；印刷包装产品分别依附于被包装物、被传播物，归属于消费品工业部门。印刷包装产业的产业“个性”被隐没于其他产业之中，“配套”的传统观念也使印刷包装产业多添了一份“被动”的思想束缚。实际上，印刷包装产业因其面对和服务的产品种类繁多、品质各异、需求不同，涉及广泛的材料选择、设备研制和工艺改进，因而具有跨行业、跨领域、跨学科的特点，这种交叉互动是印刷包装产业创新的重要动力。

改革开放以来，我国已是宏观经济体系中农业经济、工业经济、知识经济

① 厉无畏、王振：《中国产业发展前沿问题》，上海人民出版社 2003 年版。

和创意经济并存的发展中大国,人们的消费水平已呈优质化、多样化和个性化的趋势。印刷包装产品随之进入“创新创意”的阶段。印刷包装产业与上下游产业间呈现出紧密相关、互动支撑的关系。知识经济的高新技术产业推动了印刷包装产业的发展,为其提供了崭新的技术装备和新型的材料。知识产权制度的建立、创意经济的文化艺术元素、智慧性创意与高科技手段一起,使包装设计呈现出崭新的面貌。可持续发展时代,工业经济向循环经济转型,印刷包装产业展现出更为突出的创建新产业的活力,印刷包装产业的“个性”已充分显现。

二、文化创意产业与印刷包装产业的互动

2007 年 11 月 8 日,以“文化创意与人文奥运”为主题的第二届中国北京国际文化创意产业博览会拉开了帷幕。在“新闻出版印刷与版权贸易馆”内,除了最新的各类出版精品,集中展示彩色印刷、个性快印、自动包装等成果的印刷包装复制形象展区同样赚足了人们的眼球。各类印刷精美的期刊、画册、邮册、纪念册、纸盒包装,再加上形象独特的各类印刷包装企业展台,人们发现,印刷包装已经不再是简单意义上的纸品加工业,创新的工艺、独特的创意使印刷本身深化为一种文化,印刷包装产业已经是文化创意产业不可分割的一部分。

在知识经济时代,文化和创意正在成为经济发展的原动力。出版业是文化产业,而印刷包装产业与出版业更是一对孪生兄弟,因为印刷包装产业的一大特点就是复制符号,成为内容的载体与文化信息传播的重要途径。从这个角度讲,将印刷包装产业划归文化产业也是理所当然的。

事实上印刷包装业与文化产业的关系远不止这些。过去,印刷包装产业习惯于被归类为加工业、服务业,被认为是缺乏文化底蕴的行业。但是随着新兴媒体的发展,其对传统印刷包装产业的冲击日益激烈,再加上业内越来越严酷的市场竞争,越来越多的印刷包装企业意识到,仅仅维持原来的传统印刷包装模式,或是安于单纯的加工服务业是不行的,印刷包装业需要创新、需要品牌。而日新月异的印刷包装技术,以及不断扩大的印刷包装产业规模,也为印刷包装业的推陈出新奠定了基础。

创意产业最大的特点就是跨行业、跨领域,它强调的是人的主观能动性与创造力,在当今的各行各业中,创意已经是一种普遍的需求,这在印刷包装产业中也有明显的表现。近年来,越来越多的印刷包装企业打出了文化企业的旗号,比如雅昌采取的以艺术网带动印刷业务的经营模式及北京圣彩虹专营的使印刷品成为艺术品的高保真仿制之路等,都在国内形成了独一无二的品

牌,创造性地发展出了文化与创意相结合的印刷包装产业新模式。

此外,我国还有为数不少的印刷包装企业,在简单的笔记本上、包装箱上加上了自己的功能开发与创造发明,使其摇身一变成为高附加值的文化产品。印刷包装企业不仅摆脱了加工厂的传统形象,也因为自身的创意获得了知识产权及随之而来的巨大收益。这些都说明了印刷包装企业并非不能成为品牌企业,他们也能创造出属于自己的产品。若印品能在设计、印刷工艺、装裱、功能等方面融入更多的创意元素,那么这就属于再创造,再创造本身也是一种"原创",而非单纯的加工服务。

文化作为内容的强大力量已为世人所公认,而这种力量也越来越离不开高科技手段作为支撑。从创意产业的内涵而言,印刷包装产品是最佳的代言者,那么就文化创意产品的制作而言,印刷包装产业就是最具专业性、经验性的服务者,不论是信息内容所需要的高解析度品质、高精细度图像的色彩管理,还是档案格式的技术掌握等,印刷包装产业都是最有资格和最专业的"专家"。正因为如此,在全国各地兴建的各类文化创意产业园中总是能看到印刷包装企业的身影,越来越多的美术工作室、设计工作室、创意会所、艺术展厅与印前服务中心、印刷协助机构以及印后加工中心聚集在一起,形成了一条完整的文化创意产品生产线。

三、文化创意产业与印刷包装产业的协调

文化创意与印刷包装是相对独立又不可分割的统一体。文化创意是设计龙头,包装是目的,而印刷是体现包装功能的手段。文化创意产业是内容产业,是文化产业的高端;印刷是信息服务产业,是传播信息、文化的媒介和载体;包装具有保护商品、方便流通和消费、促进消费并提高附加值四大功能,设计是包装价值的重要体现。包装与印刷是相互依赖、联系紧密的两个行业,在当代社会中,几乎所有的商品都需要包装,而所有的包装物表面都需要印刷,印刷包装产业涉及信息技术、机械电子、材料科学等,又涉及美学、造型、色彩等,具有产业链长、产品种类多、关联产业广等特点。文化创意产业可以推动印刷包装产业发展,可以创造印刷包装产业的未来,印刷包装的技术进步也可以为文化创意产业发展提供产业技术平台。

印刷包装和创意要素的结合,全面展现了行业的物质性、技术性、艺术性、文化性和传媒性的综合特征,促进了印刷包装产业的全面发展。印刷包装产品作为商品具有物质属性,为了满足不同的需求而具有一定的印刷包装技术含量。同时为了赢得市场,吸引消费者,印刷包装必须具有艺术装潢的作用,能够体现商品文化内涵的创新设计,从而扩大商品品牌影响力,印刷包装创意

设计也使得其自身拥有知识产权价值。其次，印刷包装创意创新的合理性、适度性或奢华性、过渡性，对社会的消费意识、消费行为和消费风气具有重要影响。商品过度包装，主要指市场上销售的某些消费品，包装体积过大，包装装潢豪华，包装成本过高，致使商品价格超常，社会反响强烈的现象。解决这个问题的最好办法是从印刷包装的创意设计抓起。另外，循环经济的兴起和包装废弃物的再生利用，延伸了印刷包装产业的社会经济责任，并诞生了印刷包装废弃物资源化回收利用的"科学社会工程"的新模式。科学普及与文化创意的结合将有效地提升全民的环保、节约意识，使印刷包装产业在可持续发展循环经济中的典型意义得以彰显。

四、文化创意产业与印刷包装产业的结合

文化创意产业是指依靠创意人的智慧、技能和天赋，借助于高科技对文化资源进行创造与提升，产生出高附加值产品和创造财富的产业。① 印刷包装产业是文化创意产业的表现形式。一方面，文化创意是丰富印刷包装产品和提升印刷包装产品档次的主要途径，向文化创意产业延伸是当前印刷包装业寻求突破性发展的重要手段，印刷包装产品与技术的研发、印刷包装的品牌策划、印刷包装的市场推广等都需要借助文化创意来实现。另一方面，关注文化产品的消费者、体验者，强调满足人们的精神性、文化性、娱乐性等需求，突出文化消费的社会价值及经济价值，是文化创意产业的主要特征之一，文化创意产业和印刷包装产业一样具有产业高关联度、文化展示性以及体验、休闲等特征。因此，将印刷包装业与文化创意产业发展有机结合，可以实现消费者对文化创意产业的多样化需求，促进印刷包装产业和文化创意产业的良性互动发展。

当前，我国社会经济发展进入到一个新的历史阶段，印刷包装产业也进入了重大战略调整期，促进以发展方式、发展模式、发展形态等为主要内容的印刷包装产业的转型发展和升级换代，是我国印刷包装产业发展面临的一个关键任务。其主要内容包括：实现印刷包装产业由粗放型向集约型方向转变，由注重规模扩张向扩大规模和提升效益并重转变，以功能价值为基础的大众化印刷包装需求向精神和文化方面的个性化体验需求转化。因此，通过加强印刷包装产业与文化创意产业的融合，提升印刷包装产品的文化内涵，提供高档次的印刷包装文化产品，成为当前我国印刷包装业发展的迫切需要。

---

① 姜言萍：《烟台市城市文化创意产业发展研究》，华东师范大学 2011 年硕士学位论文。

第四节 文化创意产业与印刷包装产业的融合途径

创意俗称“点子”或“主意”，它是科学、思维与艺术的完美结合。[①] 印刷包装创意就是创意元素与印刷包装产业元素相融合后产生的具有市场价值的、富有创造性的主意。在消费理念日趋个性化和多样化的今天，消费者在产品及服务上有“求新、求奇、求特、求知、求异”的向往，他们注重体验参与以及对文化精神的追求。在创意理念的引导下，将智力因素与印刷包装设计完美结合，通过重组和整合印刷包装要素，用情景化和动态化来重新定位和推出印刷包装产品，以进一步增强原有产品、服务的体验性和吸引力，可以适应不断更新的市场需求，并且充分彰显印刷包装的魅力。任何一种印刷包装产品的创意设计，都要在一定的文化背景下进行，但创意不是对文化的简单复制，而是依靠人的灵感和想象力，借助科技对传统文化资源进行再提升。“资源有限，创意无限”，创意能够给印刷包装产品及服务注入无限的活力，从这个意义上讲，创意就是印刷包装产业的生命和灵魂。

一、文化创意产业与印刷包装产业的融合效应

(一)文化创意推动印刷包装产业向纵深发展

文化是印刷包装产品的重要内涵，是印刷包装产业的依托，没有文化的印刷包装产品是缺少生命活力的产品，这一点已经成为广泛的共识。随着我国印刷包装产业的逐步转型，文化创意与印刷包装结合的需求越来越密切。文化创意作为丰富印刷包装产品内涵和提升印刷包装产品档次的主要途径，在印刷包装业中扮演着越来越重要的角色。印刷包装产品的技术研发、品牌策划、市场推广等都需要借助文化创意来实现，文化创意产业和印刷包装产业的融合趋势越来越明显。因此，深刻认识和挖掘印刷包装产业的文化内涵，将传统文化发掘与印刷包装产品设计研发相结合，将印刷包装产业和文化创意产业发展进行有机融合，是把印刷包装产业的发展引向纵深，实施印刷包装产业国际化战略的重要推动力。

(二)文化创意是印刷包装产业新的经济增长点

古典经济学认为，供给自身创造需求，产品的最终需求会随着产业融合而

---

① 李烨等:《创意旅游视角下的红色旅游品牌培育研究》,《市场论坛》2010 年第 2 期。

得到提升。[1] 文化创意有利于培育印刷包装产业新的经济增长点，增强印刷包装产品的时尚性，突破传统印刷包装产品的静态和单调，吸引客户的眼球，刺激客户的消费欲望，以实现对印刷包装消费的引领，扩大消费需求。这对吸引投资、实现消费需求与印刷包装产业经济发展之间的良性互动起着重要的作用。新业态的出现和发展是产业融合的外在表现，是印刷包装产业经济的新价值增长点和动力源泉，是引领现代印刷包装产业发展的新潮流。文化创意产业与印刷包装业的融合催生了许多新产品和新服务，满足了人们收入和生活水平提高后对更高层次印刷包装产品的需求。经过创新、演变、融合、再造的新业态，将成为新时期印刷包装业发展的主力军和新生力量。目前，创意产业中富有科技含量的数字媒体和游戏软件等产业的迅速发展，对传统印刷包装的运营模式带来了很大冲击，同时，也为印刷包装企业经营模式的创新提供了良好的契机。现代的网络和数字技术的进步，不仅为印刷包装产业的电子商务发展提供了平台，为印刷包装推介和预订业务拓展了新的交易市场，并且为个性化、互动性的虚拟印刷包装企业构建了巨大的发展空间。此外，文化创意产业与印刷包装产业融合会加速产业内企业间的横向与纵向的一体化发展，这是推进印刷包装企业集团化的重要形式，从而有助于我国印刷包装产业竞争力的提升。

（三）文化创意是印刷包装产业发展的重要突破口

印刷包装产业是全球公认的关联度高、带动力强、辐射范围广、发展速度快的产业，印刷包装产品的消费是可持续、多层次、综合性的消费。印刷包装产品的文化本质特征必然要求在印刷包装产业发展过程中优先发展文化，用先进文化引领印刷包装产业的可持续发展。印刷包装产业从本质上讲是一种文化传播，本身具有继承、传播和发展文化的功能，印刷包装产业的发展有助于文化资源的传承，并为文化创意产业的发展提供良好的载体和空间。与此相对应，文化创意是印刷包装产业的灵魂与生命。只有创新性的文化创意能够引领印刷包装产业取得突破与获得提升。将文化创意和印刷包装产业发展有机结合，在印刷包装产品研发中赋予鲜明的地域特色和文化内涵，可以使传统文化保持原有的生机和活力，拥有赖以生存的土壤和传承的广度和深度。其次，依靠市场、商品以及创意去激活文化的本来面目，既可以使政府达到传承文化的目标，也可以为人们带来经济实惠，从而激发文化传承的意识。此外，利用相对成熟的印刷包装产业已搭建起来的市场平台，可以不断丰富文化

---

① 陈柳钦：《产业融合的动因及其效应分析》，《西南金融》2007 年第 4 期。

产品的形式和内容，高起点开拓文化消费市场，在更大范围内促进文化产业的发展。

二、文化创意产业与印刷包装产业融合的主要途径

（一）印刷包装产品设计与文化创意融合

印刷包装产品设计生产与文化创意关系尤为密切，二者融合发展的模式呈现出多种形式。如在印刷包装产品的研发中融入当地传统文化特色和艺术内涵，可丰富印刷包装产品的内涵；将富有特色的传统工艺与高新技术有机结合，可开发出一批创意新颖独特、设计精美、实用性强的印刷包装产品；通过新技术、新材料的研发应用，可以增加印刷包装产品的科技含量，提高产品附加值。而通过扶持和吸引一批企业投资开发内涵丰富、科技含量高的文化创意产品，打造一批创意新颖独特、地方特色浓郁的文化印刷包装产品，形成具有一定规模和集聚效应的文化创意产业园区，从而使文化、艺术、印刷包装和创意产业互动，是印刷包装产品与文化创意产业融合发展的最佳途径。如浙江义乌市通过"政府主导，产学研合作，企业化运作"的运行模式，创立了以产品设计研发为主要内容的义乌创意园，该创意园旨在成为小商品研发设计和市场创意的引擎，这为推动义乌小商品品牌的升级，提升小商品生产企业的竞争力提供了创新平台，也为印刷包装产品与文化创意产业的融合发展提供了很好的示范。

（二）印刷包装企业管理与文化创意融合

在后金融危机及欧债危机的影响下，各种产业都面临着提档升级的巨大压力。印刷包装产业由于技术水平和管理水平都比较低，利润微薄，转型升级的压力更大，而文化创意是推动印刷包装产业提档升级的有效途径。

首先，要以文化创意管理理念培育企业危机意识。危机意识是企业的一种宝贵的精神财富，只有培育出危机意识，才能调动起人们的警觉感，使人们居安思危，放眼长远，防患于未然。因此，印刷包装企业借助文化创意管理理念发展培育危机意识是企业发展的首要任务。

其次，要以文化创意精神理念塑造优秀企业文化。企业文化是企业员工所共同具有的内心态度、思想境界和理想追求，代表企业的精神风貌和企业的风气，可起到凝聚人心、和谐员工间关系、调动员工积极性与创造性等重大作用，是企业生死荣衰的关键。① 发展文化创意精神理念，就是要以本企业、

---

① 杨英法等：《文化创意与传统产业、传统文化、现代文明的融合模式研究》，《河北工程大学学报（社会科学版）》2011 年第 1 期。

同行业及当地历史名人的事迹教育员工、引导企业，牢固树立以义取利，为社会、消费者服务的理念，将诚实守信作为道德基本准则。

最后，要以文化创意服务理念完善企业制度。完善的企业制度是企业规范管理、高效运作的基础。企业的规模越大，业务越多，联系越广泛，就越需要建立完善的企业制度。应通过文化创意服务的理念完善企业管理制度，调动全社会共同建构一个公平的竞争机制和环境，引导政府完善法律、法规，引导企业进行企业制度的自我建设，完善企业的劳动纪律、奖惩办法、民主监督制度等各种制度，强化企业内部员工的行为规范。

(三)印刷包装市场营销与文化创意融合

印刷包装市场营销是指印刷包装产品或服务在了解客户需求的基础上，通过确定其所能提供的目标市场并设计适当的印刷包装产品、服务和项目，以满足这些市场需求的过程，包括印刷包装产品营销、设计、售后服务等。从营销种类来看，印刷包装企业市场营销可以分为整合营销传播、网络营销、关系营销、危机营销、文化营销、社会营销等。其中的文化营销是指在企业核心价值观念的影响下所形成的营销理念和在具体的市场运作过程中所形成的一种营销模式，即利用文化力和文化创意进行营销。文化营销既包括浅层次的构思、设计、造型、装潢、包装等，又包含对营销活动的价值评判、审美评价和道德评价。在文化营销中，企业需借助或适应不同特色的环境文化开展营销活动，需要综合运用文化因素，制定出有文化特色的市场营销组合，需要充分利用CI(corporate identity，企业识别或企业形象)战略与CS(customer satisfaction，顾客满意)战略全面构筑企业文化，其运作步骤一般分为总览文化态势、观察文化变化、捕捉文化观念、创造文化趋势、扩展文化外延，最后形成文化创意的营销模式。

(四)印刷包装工艺发展与文化创意融合

任何生产活动都必须利用一定的材料和能源。正如爱迪生发明灯泡，关键在于能否找到合适的灯丝材料。能否找到恰当的材料、能源，是能否生产出特定功用产品或提高性能、降低成本的关键。要以创意的思维理念更新材料和能源。随着低碳环保理念成为社会的主旋律，很多领域都在践行着低碳环保，印刷包装材料领域也是如此。很多对环境有污染的印刷包装材料正在淡出我们的生活，绿色包装材料的应用成为了包装行业的发展趋势。和很多其他产业一样，随着国家经济的腾飞、商品流通的加速，印刷包装产业也迎来了前所未有的发展机遇。如今，数字印刷、绿色印刷、3D印刷等先进技术正在逐步走进普通百姓的生活。因此，对印刷包装产业发展来说，要用创意的思维理念更新材料或能源，借以节能降耗，提高品质，推动产业的转型升级。任何生产和服务，除了必须利用一定的材料和能源外，都必须利用一定的设备，借助一定的工艺。借助良好的设备、工艺，可以变废为宝，或用同样的材料生产出更加质优价廉的产品。曾令钢铁企业一筹莫展的钢铁废渣，随着科技的进步，利用新设备新工艺可用来生产凝石这种高性能又环保的新型建材。更新设备、优化工艺，必须依托高新技术。应通过创意设计，引导企业走新型工业化道路，以信息技术为核心，实现设备的更新和工艺的优化，推动印刷包装产业由资源驱动型向科技驱动型转变。

第七章　创意传播学

案例与分析

创意传播引爆农夫新产品

一对身着沙滩装的胖父子在一家饮料店前购买饮料；

看见农夫果园的宣传画上写着一句“农夫果园，喝前摇一摇”；

于是父子举起双手滑稽地扭动着身体，美丽的售货员小姐满脸狐疑地看着他俩；

（镜头一转）口播：农夫果园由三种水果调制而成，喝前摇一摇；

（远景）这对继续扭动屁股的父子远走。

第一次看到这个广告时，人们往往先是一乐，接着是很兴奋——中国营销界又多了一个伟大的经典概念！

这是一个伟大的创意。

“摇一摇”是一个绝妙的潜台词。“农夫果园，喝前摇一摇”“农夫果园由三种水果调制而成，喝前摇一摇”。“摇一摇”最形象直观地暗示消费者该饮料是由三种水果调制而成，摇一摇可以使口味统一；另外，更绝妙的是无声胜有声地传达了果汁含量高——因为果汁含量高，摇一摇可以将较浓稠的物质摇匀。“摇一摇”的背后就是“我有货”的潜台词。

在农夫果园打出这句广告词之前，许多果汁饮料甚至口服液的产品包装上均有这样一排小字——“如有沉淀，为果肉（有效成分）沉淀，摇匀后请放心饮用”。这排小字看似是要消除一种误会——就是有了沉淀并不是产品坏了，摇匀后喝就行了。其实是一个很好的卖点——它证明产品的果汁含量高，但这样的语言在各种包装上已经有很多年了，从来没有人关注过角落里的“丑小鸭”，农夫果园发现了这只“丑小鸭”，并把她打扮一新包装成了“白天鹅”——一句绝妙的广告语“喝前摇一摇”，变成了一个独特的卖点。

同时，在感性认同上，“摇一摇”使得宣传诉求与同类果汁产品迥然不同，以其独有的趣味性、娱乐性增添消费者的记忆度。

第一节　创意传播的基本内涵

创意无处不在，创意随时发生，创意是基于现实的奇思妙想。创意既不是创意人员的私有物品，也不是某个行业的独有物，而是全民的智慧碰撞、思想交锋。

随着社会的进步、科学技术的发展，传播活动的形式和方法发生了翻天覆地的变化。从最初的口口相传到现在借助高科技开展的信息传播，无不彰显出传播的魅力。现阶段，单一的传播形式和方法已经无法满足社会发展的需要。如何为传播注入新的活力和内涵？创意不知不觉中进入了传播界，从而激发了传播的第二次生命力，实现传播效果的最优化。可以说，当创意进入传播界，传播就开启了新篇章。

一、创意传播的定义

什么是创意传播？北京大学陈刚教授在其编著的《创意传播管理》一书中提到，创意传播是根据生活服务者的策略，依托沟通元进行创意构想，并将沟通元的各种表现形式利用相关传播资源展现，激活生活者，在分享、互动和协同创意中创造交流、创造话题、创造内容，进而创造传播效果的营销传播模式。① 也有观点认为，创意传播的本质是一种对注意力资源的创造，即要以“超出消费者眼界”的传播载体，建立特定的品牌联想，让消费者在过往未有过的思考模式下接受信息。

从上述两个定义来看，创意传播包含如下特质。

1. 关注消费者(受众)

从传播流程来看，消费者(受众)是传播的终端，投其所好才能有更广阔的发展空间和市场前景。如针对儿童的视频传播要多打温馨关爱牌，针对男士的视频传播则多打强壮霸气牌。正因为如此，对消费者的研究是开展创意传播的前提和基础，也就是说创意传播的创意必须是消费者(受众)可以接受的。一个受众无法接受的创意就是失败的创意，或称伪创意。

2. 属于营销传播模式

创意传播与营销传播有着千丝万缕的联系，两者存有交集。创意传播的目的在于营销，实现产品(观念)营销的目的。营销的目的在于激发受众深层次的“做”的欲望。通过创意传播，受众“做”的欲望更易于被挖掘和激发。创

---

① 陈刚：《创意传播管理》，机械工业出版社 2012 年版。

意传播让受众简单地记住信息，按照传播的导向去做他们本来想做却又不敢做的一些事情。比如，脑白金传递的核心信息：今年过节不收礼，收礼只收脑白金。通过卡通人物的创意传播传递给受众后，激发了受众"买"的欲望，达到了营销的目的。

3.创造沟通元或注意力

上述两个定义分别给出了两个词：沟通元、注意力。按照陈刚教授的理解，广告、视频等传播活动都是沟通元的外在表现形式，如广告语，M&M巧克力"只溶在口，不溶在手"；李宁"一切皆有可能"。沟通元是共享互动的桥梁，其目的在于吸引注意力。创意传播必须寻找到或者构建出沟通元，才能吸引注意力。沟通元是创意传播的核心，找到或构建了沟通元就成功架起了信息沟通的桥梁。无论是沟通元，还是注意力均是创意传播中的核心内容。

综上所述，所谓创意传播就是在全面分析现实环境的基础上，通过一系列创意思维，提炼或构建创意元素，点亮传播内容，优化传播流程，进一步提高对产品（观念）的传播效果。创意是提高传播效果的手段和方法，创意传播重点探讨如何通过创意推进传播，增强传播的有效性。

二、创意传播的分类

传播学是一门交叉学科，与新闻学、营销学、广告学等都有千丝万缕的联系。这使人们在论述创意传播的时候带有营销学、广告学等系列交叉学科的影子。

按照传播的流程可以将创意传播分为以下几种。

（一）内容创意传播

这里说的内容创意和传播的内容有一定的区别。传播的内容很宽泛，包括所有内容，而内容创意指的是传播内容中的核心精神或内涵。若是一则广告，传播内容就是广告传播的所有信息，内容创意则仅仅是广告中的核心广告语。

（二）方法创意传播

有的创意传播在内容上并无多大创意，但在传播方法上却另辟蹊径，采用了很多传播者不敢用或者很少用的传播方式。在信息传播方式极为单一的年代，你若选择了一枚鸡蛋作为传播的载体，在每个鸡蛋上印上另一产品的相关信息，为其广而告之，就属于方法创意传播。

（三）受众创意传播

传播者在受众上多做文章。比如，信息只有贵宾级受众、高级会员等才能获取，增加内容的神秘性，或者只有某一年龄段出生的受众才有权接受该信息。通过这种神秘感，调动了受众的好奇心，达到传播的目的。

（四）整合创意传播

在传播过程中，不是一个环节有创意，而是多种创意的整合，不仅传播核心内容有创意，传播的载体和方式也颇具创意。此类创意传播属整合创意传播。

近年来，随着公益事业的不断发展，创意也不断融入了公益传播中，进一步提高了民众对公益事业的关注度，吸引更多人加入到公益事业中。也就是说，创意传播不是单纯的对产品信息的传播，还有对观念思想的传播，潜移默化中影响着社会的发展和进步。

三、创意传播的特点

创意＝创一＋创易＋创异＋创益。

创一：有三层意思，"第一""单一""唯一"。"第一"指的是第一个提出来，具有原创性，而并非一定指最好的；"唯一"，指的是创意需要具有一定的"抗克隆性"；"单一"指的是创意只解决一个问题，并且只拥有一个主题。

创易：简单、易于理解。当今社会是信息大爆炸的社会，消费者每天要接触成千上万的信息，他们一般不会去深入研究生僻的、被动接受的信息究竟在表达什么意思。因此，简单、易于理解无疑是创意非常必要的一个基本元素。

创异：创意要具有明显的出奇性（冲击性）、差异性（识别性），只有这样才能够在数以万计的信息中脱颖而出。

创益：是说创意首先要注重它的实际利益，如果脱离了实际利益，再好的"创意"也是空谈。

毫无疑问，创意传播整合了创意的诸多特点，下面我们来看一个案例。

丁家宜：谢霆锋新"肌"密，谁是下一任女主角？

2011年9月，时值锋芝刚声明离婚，一条有关谢霆锋的短视频在网上疯传，片中暗示"我的故事，已经有了新的女主角"，而模糊剪影则引人遐想，吊足胃口。所谓谢霆锋的"肌"密到底是什么？新一任女友又是谁？

9月29日，对于谢霆锋的粉丝来说，是一个期待已久的大日子。因为在这一天，被大家猜测了无数个版本的谢霆锋下一个女主角以及下一个"肌"密的病毒视频揭开了谜底；这一天，新浪微博、腾讯微博、各大网站以及谢霆锋的粉丝团体都将目光集中在"肌"密揭晓上。最终，这个在网络论坛、微博中疯狂转发的下任女主角竟然是谢霆锋代言的丁家宜美白保湿霜。谢霆锋的视频中那个婀娜多姿的美女剪影也是由丁家宜的产品组合而成的。

也许是因为猜测与现实大相径庭，这使得网友对桃花肌的关注尤为密切。第一次推出，就与人气天王谢霆锋搭台合作，共同诠释白皙粉嫩、肌肤柔嫩有光泽的美白新“肌”密。作为谢霆锋第一次代言的女士护肤品，再加上具有独特吸引力的广告，丁家宜这次的宣传可谓赚尽眼球。

这个案例的创意在于借力娱乐圈的明星绯闻，制造大的悬念，创造出衍生的注意点，也即创意元素。谢霆锋刚与张柏芝分手，又爆出新任女朋友，这一视频必然具有很强的吸引力。在传播手段上，借助了网络这一载体，传播速度快，瞬间能集聚眼球。

通过这个案例，我们分析创意传播的特点，其主要体现在以下几个方面。

(一)创造性

创意传播是一项创造性工程。面对海量的信息，对信息进行不断加工、提炼和创造的工作必不可少。信息的提炼加工过程，是对事物思考的升华过程。一句广告语，一个主旨内涵都是不断创造的结果。上述案例中丁家宜的这个视频广告对锋芝恋进行了再创造的同时，也对丁家宜美白产品的信息进行了再加工，从而提炼出两者的共同点，构建出了“沟通元”。

(二)系统性

传播具备系统性的特征，创意传播这方面的特征更加明显。创意传播必须由点、线、面等环节构成。一个完整的创意传播不是一个点，而是一个环状的圈。创意传播受到外围宏观环境的影响，对环境的分析和解读使得创意传播更加系统化。

系统性的特征还要求创意传播必须符合一定的逻辑。在进行创意加工的时候，一味地追求新奇的创意效果，忽视逻辑性，会让人有“离谱”“牵强”的感觉。为此，创意传播必须讲究逻辑性以满足其系统性的特征。

(三)时效性

这一特点似乎是说新闻的特性，但是从近几年快速发展的创意传播来看，一次成功的创意传播对时机的把握总是恰到好处。这符合当代消费大众的审美方式、生活习惯、消费行为等。倘若没有锋芝事件，丁家宜的这个美白产品广告的影响力将大打折扣。丁家宜抓住锋芝事件，制造传播热点，无疑是对时效性的较好把握。

(四)艺术性

说话是一门艺术。同样的信息，由不同的人用不同的方式进行传播，其产生的传播效果不同，主要原因就在于传播者对艺术的把握能力参差不齐。创意传播是一次艺术性的传播，不仅具备艺术美感，同时还能激发艺术联想。

(五)受众性

创意传播不是个体传播，而是大众传播和组织传播。创意传播要达到很好的传播效果，其创意点必须能激发受众的痛点或兴奋点或兴趣点。我们允许创意奇思妙想、天马行空，但是创意必须是受众接受，且能推动社会健康发展的创意。

四、创意传播的功能

创意传播有着传播应有的功能，目前对于传播的功能，主要包括拉斯韦尔的三功能说（环境监视功能、社会协调功能、社会遗产传承功能），赖特的四功能说（环境监视、解释与规定功能、社会化功能、提供娱乐功能），施拉姆的功能学说（政治功能、经济功能和社会功能）。①

创意传播与这三位学者提炼的传播功能相比，创意传播的功能更直接，也更具体，尤其是在如下方面功能更明显。

(一)经济功能

创意传播的经济功能格外耀眼。创意传播不仅能助推新产品快速进入市场、启动核心消费群，同时还能解决品牌老化、增长乏力等营销难题。科学合理且极具创意的传播方式能在短期内提升产品知名度和美誉度，进而快速打开销售市场，赢得经济效益。另外，创意传播还能产生连锁经济反映，其子产品也将在母产品的带领下开拓新市场。

从宏观层面来看，创意传播还能转变经济增长方式，促进经济协调发展。21 世纪是创意经济时代，创意是促进社会经济转型升级的有效动力。通过创意传播，能全面提高创意在民众中的地位，更好地发挥创意在经济发展中的引擎作用，推动消费方式的转变和消费结构的升级，并进一步促进产业结构的优化和升级。

(二)文化功能

创意是人类文化活动必不可少的组成部分，缺少了创意，也就缺少了文化活动的生命力，缺少了文化创意的根源。为此，创意传播也是对文化的传播。创意传播在无形之中传播了创新文化，鼓励人们要有创新动力，不断培养创新意识，从辩证的角度去看待问题、解决问题。

① 张国良:《传播学原理》，复旦大学出版社 2005 年版。

(三)娱乐功能

创意传播之所以具备娱乐性,这与创意有深度的关联。比如,当你看到一款造型独特的杯子,也许能让你沮丧的心情渐渐转好,原因就在于创意的艺术感,能激发受众阳光的一面,这一面一旦被激发出来,受众看待事物就会抱有积极乐观的态度。创意传播中也有让人拍手叫绝的传播点,让人们不得不惊叹:我怎么没想到,这个真好玩。这些从内心发出来的愉悦感,让人们感觉非常快乐。

第二节　创意传播时代的来临

在20世纪60年代早期,一个黄金时段的60秒广告能够被记住40%,而且其中一半内容都不用任何提醒;而现在,一个30秒的广告大约只能被记住18%—20%,在没有任何提示的情况下,没有人能记住广告传递的任何信息。[①] 这是海量的信息导致受众接收的延滞。我们必须承认,在不同时期,人们的时间感是不一样的。依靠书信传递信息的时代离我们越来越远,数字时代的大门已经敞开。一个电话,一封电邮,快速便捷的沟通方式正在改变着我们的传播方式。无创意无传播,创意传播时代悄然而至。

一、社会环境的改变

进入新世纪以来,社会环境发生了翻天覆地的变化,外在环境的变化不知不觉中影响着创意传播的改变。

(一)开放度不断提高,受众接受能力增强

全民素质不断提高,接受能力越来越强。20世纪80年代有部电影,名为《街上流行红裙子》,第一次直接以时装为题材,记录了20世纪80年代开放初期人们思维方式的变化。劳动模范敢于穿上"袒胸露臂"的红裙子上街,而且还到各个服装店去"斩裙"(当时的流行词)。而如今的女性再也不用羞答答地穿上红裙子。人们已经开始接受越来越多的"西洋文化",与整个世界接轨,呈现出开放的姿态。创意是一种奇思妙想,是对历史的超越,这就决定创意可能与当今人们的思维方式截然不同,甚至背道而驰。而环境的开放、人们的宽容为创意传播营造了良好的成长环境。

(二)竞争愈加激烈,对创意的渴望度高

现阶段,各行各业竞争都非常激烈,要想在激烈的竞争中胜出,必须具备

① 陈刚:《创意传播管理》,机械工业出版社2012年版。

一技之长，而且是别人比不上的，最好还是别人想不到和做不到的。对“新”的需求是创意传播萌芽的最好土壤。这件产品要打败同类产品，除了产品本身要具备同类产品无可比拟的优越性外，还需要在传播上狠下工夫，做足文章，打开销售市场。创意传播是产品打开市场增添胜利的筹码。

（三）创意人才团队更加庞大

随着我国改革开放的深入和经济的持续发展，创意产业在我国受到了政府、企业和社会的高度重视，尤其是在北京、上海等国际化大都市，创意产业已经初见规模。在国家的支持下，创意人才也不断涌现，他们是做好创意传播的前提和基础。

二、数字时代的到来

要说创意传播时代，必须先说数字时代。

现在我们经常能听到这样的话语：数字时代来临了！

让我们假想这样的一个场景：每天早上起来，你出门在公交车站等车的瞬间，你用手机发出了新一天的第一条微博：“今日，阳光明媚。”当你坐上公交后，你发出了第二条微博：“小学生为老奶奶让座，想起儿时的自己。”当你踏进办公室准备工作时，发出了第三条微博：“保洁阿姨今天穿了花衬衣，很有时尚味。”在发微博的瞬间，我们都成为了传播者，将自己的所见所闻、所想所悟通过微博传递出去。近年来，手机上网、无线宽带业务日趋成熟，手机、电脑等数字产品更新换代日益快速。传统的传播媒介不知不觉中受到了新传播媒体的冲击。在过去的十年中，新媒体一直与 Internet 紧密相连，像新浪、搜狐等信息门户，当时都被划为新媒体的代表。然而，时代在进步，技术在发展，随着人们生活水平的不断提高，人们对信息消费多元化的趋势亦趋明显，新媒体的概念也在不断与时俱进。以电信网络传输、视听内容互动、跨平台应用为特色的新媒体业务已成为未来广播电视发展的主要方向。IPTV、手机电视、网络视频等为越来越多的百姓所熟悉的新媒体已经悄然延展渗透到了人们的生活中。新媒体不仅代表文化发展的方向和未来，也预示着交互式传播时代的到来。

现阶段的传播模式主要以 Blog、RSS、Tag、SNS、Wiki 等应用方式为核心，建立了相对独立和完整的个人信息中心。个体制造，发布信息，承受影响并扩散到尽可能多的其他个体，按照“人—人”的对话模型，每个人变成信息中心。这是由以下原因造成的。

第一，信息需求的个性化。在 Web 2.0 时代，速度和“海量”已经成为时代的特色。个性化内容筛选和分类及用户体验才是信息传播首要的考虑因素,也是衡量信息传播效果的重要指标。

第二,信息双向性。Web 2.0 的“可读可写”使得用户在读取信息的同时能够及时参与反馈,信息源的制造与更新同步进行,构成一种真正的“双通道”交流模式。

第三,受众市场小众化。Web 2.0 提供给受众个性化内容收集、创建、发布、管理、分享、合作、维护的平台,强调个人价值,力求做到服务多样性和针对性。如 Blog 用于文字共享,Wiki 用于思想交流和观点共享,此外还有图片欣赏、影音共享等,都是 Web 2.0 标准的信息服务细分类型。

数字时代的来临,拉近了人与人之间的虚拟距离,短时间内一则信息能实现快速传播,“瞬间”这个词在新媒体时代显得更快。新媒体的出现提高了创意传播的能效。从传播者来看,不仅能快速地搜索到所需信息,并且能利用新媒体开展同行评议,或者开展创意传播前的民意调查。从传播手段来看,手段更加新颖多样化,平面已经逐渐被视频、flash 等形式取代。从传播内容来看,内容更加新颖,主题更加明确。最为主要的是,新媒体让创意传播中的创意点更加立体化。

由于新媒体的出现,传播也在悄然改变。

第一,传播越来越碎片化。新媒体的出现,使得受众皆能随时随地传播信息。个人传播的信息通常而言未经大脑思考,缺乏整合。“自媒体”时代的到来,导致网络上信息的随机性和不确定性增强。传播的碎片化导致思想的不成熟、不稳重,真正与思想相关的内容可能会被冲刷掉,而且是飞快地被洗刷掉。

第二,传播小众化。传播的碎片化也引发了传播越来越趋向于小众化。在这种情况下,每个小群体的价值观和价值取向都是不一样的,我们就要思考,如何将每个小的趋势能够挖掘出来,把小趋势重新聚合成大众的传播。

三、创意引发传播春天

社会环境的改变,数字时代的到来,为传播界构建了崭新的传播环境。没有技术的支撑,创意传播是无法落地的。技术是传播的硬件,而创意就是传播的软件。古老的传播方式已经无法适应受众的需求,受众在追求敏感点、兴奋点、刺激点。创意思维的注入无疑将传播引向了崭新的世界,充分满足了受众的猎奇欲。同样,越来越多的企事业单位、社会团体,甚至政府机构意识到传播在组织形象构建、产品营销中的重要性,而创意传播更是受到青睐。谁掌握了创意,谁就把握了传播的核心竞争力。

以新浪网为例,其在 2010 年南非世界杯的传播上采取了差异化路线。以往互联网参与世界杯报道，更多的是转播和转载传统媒体的内容，凭借快速和海量的信息赢得网民的青睐。而这次经过反复研究后，新浪最终确定了"原创内容＋微博"的组合策略，打破网络竞争的僵局。那时，新浪体育频道与黄健翔、李承鹏刚刚签约，两人在足球评论界的影响力大。新浪的体育频道、视频频道、娱乐频道都加入世界杯的报道工作中，一起策划一档全新的网络脱口秀节目。策划团队经过苦思冥想，为这档节目起了一个非常独特和易于传播的名字——黄加李泡。

根据 2010 年 6 月 12 日世界杯开幕战艾瑞热点调研，65％的世界杯网友表示收看过《黄加李泡》，其中 80％的网友表示喜欢这档节目；而根据 CTR 央视市场研究的数据显示，世界杯期间《黄加李泡》覆盖的电视观众达到 2.48 亿人次，整个世界杯期间有超过 4400 万人次的网友在线收看到这档节目。① 这无疑说明了新浪此次创意传播的成功，在传播世界杯信息的同时，也提高了新浪网在受众中的影响力和知名度。

创意是对传统的挑战，在传播中引入创意必将开启传播的春天。

第三节 创意传播的流程

传播过程至少存在三个要素：传者、受者、信息。若某一信息的传播仅仅是单向的线性传播，其流程通常为：谁(who)—说什么(say what)—通过什么渠道(what channel)—对谁(to whom)—取得了什么效果(with what effects)。但实际中，传播的流程比此更为复杂，但核心部分始终是相同的，即需要解决传播什么、怎么传播这两个问题。传播什么和怎么传播，恰巧也是创意传播最让人头疼，也最需耗费精力的内容。解决了传播什么和怎么传播两个问题，创意传播的任务就解决了一大半。

一、创意传播的起点：寻找创意点

创意传播的关键是找到合适的创意点。那么，如何来找到创意点呢？

创意过程可以说是对已排定次序的事物进行重新排列和组合的过程，目的是从一个崭新的角度，跳脱理智、逻辑、直线的思考，重新组合，在同中求异，在异中求同。经过一番激烈的思想斗争之后，创意的火花开始迸发，继而逐渐成形，具体可归纳为四步。

第一步：收集资料。创意虽是奇思妙想，但并非无源之水。好的创意必须

① 赵正：《黄加李泡世界杯：网络原创成人礼》，《中国经营报》2010-07-18。

是基于对现实的考虑，是源于现实的。为此，作为传播者在进行创意传播之初，必须扎实做好资料收集工作，全面了解经营者的意图和传播内容的概貌。如进行的是产品传播，传播者要详细掌握产品的特性、价格、受众定位、竞争者情况等。

这是对内部资料的收集，此外，还要完成外部情况的研究。外部情况的信息获取主要包括国家的相关政策、市场对某一产品的需求现状、消费者特点、当前社会特点等。收集外部资料的目的在于使创意传播符合消费者的文化需求和心理预期，以至于不会被封杀或者产生不良效果。

第二步：吃透资料。收集完资料后，我们必须沉寂下来，对现有的资料进行分析研究，逐项吃透，提炼出核心要点。我们要对收集来的各种思维材料、形象画面、只言片语、声音节奏等各种信息符号进行不断地排列、碰撞、重组。

第三步：撞出灵感。在吃透资料的基础上，我们其实已对如何传播有了似懂非懂的想法或者有了若隐若现的思维，此时，就缺一个导火线，将这种灵感从潜意识中迸发出来。我们要有记录的习惯，将大脑中闪过的念头都记录下来，并进行前后念头的联系。

第四步：创意成型。灵感不等于创意，创意需要靠灵感激发，创意的过程也是对灵感不断否定和肯定的过程。当一个灵感出现，我们要对这个灵感的可行性进行分析，是否符合消费者的内心文化需求，是否存在负面效应，预期传播效果如何。该分析求证的过程，就是创意的孵化过程。孵化过程中，创意逐渐清晰，我们可以看到清晰的创意轮廓，也即找到了整个创意传播的核心内容。在创意成型的阶段，传播者的大脑中已经构建出了“创意点”，接下来，传播者将围绕“创意点”开展传播。

二、选择最优传播模式

创意点就在那里，要如何将其传播出去，达到预期的传播效果呢？

首先，我们要选择合适的传播平台。创意传播的平台主要有以下几种。

（一）人际传播平台

人际传播的速度虽然没有网络传播速度快，但是其影响力还是不容小觑的。社会的最原始阶段，人际传播在信息传递中有着重要作用。该平台的优点是投资成本低，只要寻找到受众的兴奋点，放出信息，就会产生人际传播效应。这种传播的缺点是传播空间、时间均受限制，且在传播中容易出现信息的变形。

（二）媒体传播平台

在创意传播中，媒体是非常重要的平台。媒体本身就是信息传递的主要出口，可以说，每个人每一天都会通过媒体获取需要的相关信息。与20世纪相比，媒体传播平台更加多样化、新颖化。报纸、电视、广播、网络等媒体都为我们提供了海量的信息。要让创意传播精彩纷呈、回味无穷，必须选择合适的媒体传播平台。

从表7-1中我们可以看出各类媒体的优缺点。以广告传播为例，近几年涌现的可口可乐的广告，我们在报纸杂志上能看到，在电视上能看到，在网络上亦能看到，这就体现了可口可乐在进行创意传播时选择了媒体传播平台的整合。有的创意传播会率先选择一个主要阵地，在主要阵地站稳后，再开发其他的平台。比如凡客诚品，该品牌是网络传播的成功范例，通过网络这一平台，在短期内凡客诚品这一网站打开了市场，赢得了稳定的顾客群。

表7-1 不同类型媒体创意传播的比较

媒体类型	代表媒体	优 点	缺 点
纸质媒体	报纸	便于携带、易于储存、反复阅读性、价格低廉	缺乏生动性、版面有限
广电媒体	电视	现场感、亲和力、直观化、多媒体、交互式、人性化	播出时间、时段受限
新媒体	网络	多媒体性、开放性、交互性、即时性、远程性、容量大	缺乏严谨性、权威性、深刻性

传播平台发生了巨大变化，我们的选择空间越来越大。选择何种平台传播，如何整合各类平台，同样也是创意传播效果能否实现的关键点。

（三）自建活动平台

立体式的传播催生了一些传播者自建传播平台，这几年，活动营销风生水起也正是这个原因。借助活动传播已成为21世纪不容小觑的一种传播形式。活动形式多种多样，包括展示活动、游戏活动、路演活动、促销活动等，通过在合适的时间和地点搭建合适的活动平台，开展传播。

诺基亚真人秀《贫民窟的百万富翁》

在电影《贫民窟的百万富翁》中，贫民窟里长大的18岁印度男孩杰玛因为参加了一档名为《谁想成为百万富翁》的电视问答节目，最终赢得了属于自己的财富童话。借此契机，土豆网携手诺基亚在上海打造了视频互动真人秀——“互联网百万富翁”。电影上的百万富翁之梦被复制到中国互联网上，上海理工大学大三女生吴嘉琦最终在52万名选手中脱颖而出，接受了土豆网

CEO 王微和诺基亚全球副总裁邓元亲自颁发的 100 万元大奖,成就了财富童话的真人版。

在这场真人秀活动中,土豆网作为决赛全程直播的第一见证者,结合了手机、互联网、视频、节目制作以及现场直播时的观众互动等各种手段,成功发挥了视频网站强大而独特的影响力。正如土豆网 CEO 王微所说,"互联网百万富翁"不仅是冠军吴嘉琦的梦想之旅,更是中国网络视频,乃至中国互联网的一次梦想之旅,它宣告了视频行业自制内容时代的到来。

据统计,这个以手机和互联网为载体的互动营销活动最终吸引了 52 万人报名参与。自 2009 年 9 月 7 日开始终极决赛以来,由国内著名主持人李响担任主持的 6 场终极决赛引起了网友的极大关注。每场比赛都成功吸引了数百万网民同时在线观看。据统计,前 5 场比赛下来,总计已经有超过 3800 万网友在线观看了该节目。而 9 月 28 日的终极决赛再次吸引了近 762 万网友的观赏。截至 2009 年 9 月 29 日凌晨,"互联网百万富翁"相关视频累计在线播放次数超过 4900 万次,成功创造了互联网历史上选秀节目播放量的新纪录。

不仅如此,"互联网百万富翁"还吸引了小 S、姚晨、周立波、尚雯婕等众多明星的参与,而国足队员沈龙元则干脆亲自上阵体验起新鲜刺激的答题过程。张铎、陈紫函等担任了"明星接线生"的工作。郭敬明、陈志朋、李晨、李寻欢、薛莉、著名播客"一日一"和李嗷嗷更是先后担任了"高端评论员",为公正、开放、互动、网络化的比赛带来更多抢眼的娱乐色彩。

诺基亚真人秀《贫民窟的百万富翁》创意传播的创意点主要体现在三点。第一,热门电影场景融入真实社会——互联网百万富翁。电影《贫民窟的百万富翁》票房并不少,有一定的群众基础,尤其是有奖竞赛的活动方式极大地满足了受众的挑战心理。百万富翁本身就吸引受众的眼球,能刺激到受众的兴奋点。第二,明星参与,提高影响力。活动邀请了当下重量级的明星参与,充分发挥明星的粉丝效应,吸引更多受众参与到活动当中。第三,在传播平台的选择上,选择网络平台,又加上手机互动,活动渠道更加宽广。也就是说,只要你有网络,就能参加比赛。通过上述三种方式,诺基亚构建了缜密的创意传播。

三、创意传播过程中的影响因素

倘若将传播放置于真空环境内,我们可将传播简单化为传者到受众的一对一的信息传递。但实际上,传播是一个极为复杂的系统工程,绝对不是单向传播。任何传播过程都将受到内部因素和外围环境的多重影响。

(一)影响传播的障碍因素

根据传播的流程,受众、传者、传播内容、传播环境均会产生影响传播的障碍因素。若处置不当,不仅会影响到传播效果,甚至将切断传播流。了解传播的障碍因素,更能提前化解传播中的不对称性,应对传播过程中发生的突发事件。影响传播的障碍因素主要有以下几种。

1.语言障碍

意义与情感对于语言而言,存着“编码”和“解码”的程序问题。涉及“编码”和“解码”,就会存在语言障碍。对于各个民族,不同事物有不同的指代意义;对于同一样物体,不同人对其会有不同理解。这就是语言障碍。当我们想要把两种不同文化的符号和事物相对应时,往往会出现较大偏差,不同的语言,以十分不同的方式切入现实,它们在现实世界中为解码提供了相当不同的类目。信息的隐含层面是非常微妙的。特别是文化背景和主观认知的不同,使得受众对信息的理解有很大的差别。

2.环境障碍

经济基础决定上层建筑。随着我国经济的快速发展,人们有经济实力去接受以前无法接受的东西。传播受到经济条件的制约。一个企业选择投入多少广告经费,决定了他能选择的传播载体,也决定了传播效果。有的中小企业,只能在地方电视台做广告,而有的企业可以将广告做进热门的电视连续剧,甚至搬上春节联欢晚会。

任何传播活动都处于一定的社会文化环境中,那就必然受到所在社会文化环境的影响和制约。为此,传播者应了解和分析社会文化环境,针对不同的文化环境制定不同的营销策略,组织不同的营销活动。对文化环境的分析,要重点分析受众的教育状况、宗教信仰、价值观念等。

在实际环境中往往会有“意见领袖”,他们发挥着重新解释信息、再传播的作用。信息通过意见领袖进到某个团体的社会环境里,而意见领袖是从媒介中获知信息的,然后按照顺序把它传给喜欢讨论公共事务的跟随者。意见领袖比一般人更加对政治活动和社会活动感兴趣,同时,他们的观点对周围的人往往产生直接的影响,从而部分地改变或增强他人的态度。

3.经验障碍

经验障碍可叫做“刻板印象”,是一种顽固的经验,它将人、团体、事物类型化。受众往往运用他独特的经验,以自己的背景来弥补信息的多义性和不明性。受众的原先固有的态度和观念,会减弱、改变甚至颠倒信息的本来意义,从而造成有效传播的障碍。

4. 兴趣障碍

不同受众的兴趣千差万别，传播的信息与受众兴趣一致时，传播效果最佳。除强制性的传播外，为了吸引受众，传播者在标题制作和节目设计上应尽可能做到有新意、有魅力。同时在信息的内容选择上，要为受众的需要着想。

(二)影响创意传播的思维障碍

影响传播的障碍亦是影响创意传播的障碍。阻碍创意传播的内部因素主要来自传播者的自身创意思维阻碍。阻碍创意思维的类型主要有以下几种。

1. 刻板印象

刻板印象专指人类对于某些特定类型人、事、物的一种概括的看法。这种看法可能来自同一类型的人事物之中的某一个个体给人的观感。"男主外，女主内"即是一种性别刻板印象。勺子用来做什么？绝大部分人会回答用来舀特定物体的工具，但是勺子也可以当容器。勺子柄还可以用来存储细长的物体，以下的创意就是利用了勺子这一不为人知的特性，将勺子做成了"装筷子的容器"。(见图 7-1)

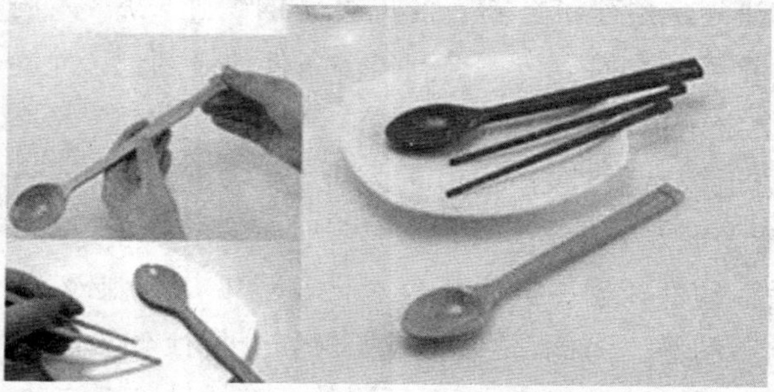

图 7-1

创意传播就是要打破常规，突破固有的印象。刻板印象会造成思维定势，甚至使人钻牛角尖。

2. 胆小

人天生具备规避风险的能力。但过分刻意地规避风险就成了胆小。胆小也是创意的一大阻碍。一个成功的创意需要大胆的尝试，尤其在博弈的状态下，只有创意的做法才会让对手手足无措。

3. 害怕改变

改变意味着风险。在很多情况下，创意来自各项元素的排列组合，如果不愿意拆掉旧有的元素去排列组合，又如何能得到新的东西呢？创意就是改变。

第四节　创意传播的切入点

当传媒生态环境的变革和“消费者中心”的崛起让人们不得不正视传播环境的改变时，当策划创新的机遇踏步向我们走来时，对于创意传播来说，首要的任务是要找准切入点。

一、切入点一：互动化、娱乐化体验

人类是地球上最具互动性的物种。若将我们的生活作一剖析，其实质就是一系列与周围世界互动体验的总和。唱独角戏无疑是件尴尬的事，互动性的力量在于能让沟通双方表达他们的兴趣所在，并就他们所关注的事物做出一系列的个性表达和意见互换。

新媒体的到来宣告了互动时代的来临。新媒介的消费，特别是网络媒介消费，呈现出一种状态：由于讯息是海量的、冗余的，跨文本传播带来文字、图片、视像、声像等的瞬间呈现、链接或消失，受众的注意力已经被大大分散，而他们对于信息的捕捉多以碎片化的方式存在。① 显然，以上情况的出现不利于某些相对抽象、复杂、系统的信息的传播，因而通过创意传播构建一个专属的体验情境，将受众从庞杂的信息环境中抽离出来，引导受众进入此特定情境中参与对传播信息的体验，使受众感受到参与其中认知、沟通、自我展示的快乐，如此，创意传播的成功概率将大大提升。

需要强调的是娱乐化并不代表盲目迎合当今消费者的娱乐需求。事实上，此处的娱乐化是指，创意传播应该为现实中疲惫、忙碌的人们带来更生动、更有趣、更幽默的传播方案(包括内容方案、媒介方案)。实现这一目的的方式可以是有奖竞猜，可以是游戏，也可以是选秀，快乐将为品牌在受众心中建立良好的形象。

芬必得布洛芬缓释胶囊在经历了 2009 年第一、二季度的电视、地铁、路牌等传统投放后，2009 年第四季度进一步通过互联网上的芬必得“头疼社区”来宣传其药品快速去头痛的科技性能和功效。“头疼社区”通过“快速止头疼专区”“头疼百科”“我的头疼档案”“智胜头疼游戏区”“头疼讨论区”“医生地图”“关于芬必得”等板块的设立，在汇聚快速有效治疗头疼的百科知识之余，更鼓励人们上传自己的“头疼日记”，分享自己攻克头疼的历程，或者在讨论区提出自身的头疼问题请专家解答，如此一来便实现了受众与产品互动、受众与受

---

① 文长辉:《媒介消费学》，中国传媒大学出版社 2007 年版。

众、受众与专家的互动。与此同时，"头疼社区"还设有游戏专区，通过网页游戏的设计——玩家快速挥动鼠标，就分解网页上的一颗药粒进行限时竞速，巧妙地在游戏中，直观、形象、有趣地将芬必得酚咖片新头痛装采用微粉化技术（药片由细小微粒组成，能够在体内快速分解，快速去头疼）的科技性能传达给受众。

二、切入点二：便捷化分享

2005 年，日本电通公司对作为营销基础的消费者行为模式进行了全新的构建：由 AIDMA 模式向 AISAS 转变。传统的 AIDMA 模式（attention—注意，interest—兴趣，desire—欲望，memory—记忆，action—行动）的逻辑是，消费者由注意商品、发生兴趣、产生购买愿望到留下记忆、做出购买行动，营销传播者居于主导地位；而基于网络时代市场特征而重构的 AISAS 模式（attention—注意，interest—兴趣，search—搜索，action—行动，share—分享），其要点是，AISAS 相比 AIDMA，渴望和记忆被更加广泛的受众的主动搜索取代，并且增加了信息的分享与再传播环节（口碑）。该模式将消费者在注意商品并产生兴趣之后的信息搜集（search），以及产生购买行动之后的信息分享（share），作为两个重要环节来考量，凸显了消费者的主体地位和能动性。这对数字化媒体时代的广告传播是一个巨大的启示。①

的确，今天的消费者是积极健康、独立思索、寻求快乐、被授予自主选择权并充满主见的媒介群体。研究表明，在遭遇到了那么多精心策划的宣传之后，人们不会盲目地相信他们在媒介中听见、看见和阅读到的东西。② 另一方面，市场营销人员亦发现，在"3C 产品"（即计算机 computer、通信 communication 和消费类电子产品 consumer electronics 三者的结合）的购买上，人际以及群体传播的影响相当大；简单而言，就是指人们选择产品和服务时，通常从对大众媒体宣传的参考中转向听取"口碑"，无论是意见领袖的选择，还是亲戚朋友的推荐，最终口碑的循环将形成雪球效应，制造出一个庞大的用户群体。因而，"分享"和"口碑"的力量不可忽视。

落实到具体行动上，创意传播者应在进行充分市场调查的前提下，制订一定的口碑推广计划，让消费者自动传播产品、服务的优势性能，通过口碑提升产品知名度和美誉度，建立品牌，实现广告目标。而在创意传播策划中，要尽

---

① 钱广贵：《对分众类广告传媒发展的批判思考：一种基于受者本位的研究》，《中国传媒报告》2009 年第 3 期。

② W. 兰斯·班尼特：《新闻：政治的幻想》，当代中国出版社 2005 年版。

量巧妙地结合产品优势，利用人们的信息需求和好奇心理，提供富有吸引力的信息内容，而后利用多种媒介手段设置方便、快捷、极易操作的“转发”方式，确保受众能轻松、便捷地将该信息内容粘贴到他们的博客中，或转给同伴，或贴于第三方网站上（诸如 RSS、digg 和 del. icio. us 等技术均可实现）。如此一来，在传统的传播形式之外，创意传播又以消费者自身为杠杆，开创了一条成功率高、可信度强的推广营销渠道。

三、切入点三：活动营销

在受众注意力碎片化的当下，要引起受众的关注需要创造一专属的特定情境，引导受众进入、参与、体验相关传播过程。那么这一专属的特定情境如何实现呢？我们不妨诉诸活动营销。

活动营销，被誉为当下企业营销的蓝海，指企业通过策划、组织具有新闻价值、名人效应以及社会影响的事件，吸引媒体、社会团体和消费者的兴趣、关注及参与，以提高企业及其产品的知名度、美誉度，树立良好的品牌形象，最终促进产品或服务销售的手段和方式。

活动营销是近年来国内外十分流行的一种推广手段，融广告效应、新闻效应、口碑效应于一身，集产品推介、品牌传播、公关关系等功能于一体，有助于建立品牌识别，快速提升品牌知名度与美誉度。活动营销超越了一般传播所产生的市场效应，具有互动性、广泛参与性、新闻性、媒体放大性及多次传播性等特点，对产品销售、企业形象、品牌价值的提升具有极大的促进作用。①

事实上，活动营销就是以活动事件为发动平台，联动媒体，吸引受众参与到活动中来（也即将受众引导入特定的情境），通过受众、主办方、企业、媒体、社会各界等多方力量之间的互动，在一定时期内形成眼球的聚焦与全社会的热议，从而达到产品推介、品牌传播，建立良好的公共关系，迅速提升品牌影响力。此外，围绕着企业产品与服务的活动营销，还是邀请受众以参与者的身份充分体验被宣传产品、服务的一次专属的互动契机。

对于创意传播的受众来说，活动营销抛弃了抽象、复杂的说理，抛弃了单向度的枯燥说教，而是以新鲜、有趣，充满吸引力和挑战性，甚至是富有广泛社会影响力的活动策划，来引导受众认知、体验被宣传产品，使平面的信息转化为感官立体化的实时体验场景。如此，受众将在轻松、新颖、收获新知的快乐中产生对产品、服务的认同。

---

① 周海华：《活动营销开辟蓝海　策划制胜是关键》，《通信世界》2008 年第 38 期。

四、切入点四：为消费者创造价值

大卫·奥格威(David Ogilvy)创立奥美时一再强调和消费者建立一对一的沟通是他的秘密武器，这正是基于对顾客关系和顾客终身价值的重要性的理解。传媒业作为“影响力经济”，其主要的经济规定性就是满足目标市场主流群体的价值与期望要求。①

在当今的传媒生态环境里，尊重、理解消费者仅能赢得消费者的“容忍”，还不足以俘获消费者的“芳心”。要真正于营销大战中网罗消费者，攻占市场，企业主需要围绕消费者的需求和购买决策的行为过程，探索、创造和传递消费者所需要的价值，从消费者导向的起点开始，重新进行产品线设计、营销渠道、广告策划等一系列环节的梳理。创意传播一样如此，只有其中所传达出的信息能对接消费者所需的价值时，才能真正实现传播效果。创意传播的特点之一就是关注受众(消费者)。创意传播在为企业主创造价值的同时，也需要为消费者(受众)创造价值。近年来，传播者为企业主打公益传播牌，传播效果甚佳，原因就在于为消费者创造价值。

① 朱春阳：《现代传媒产品创新理论与策略》，山东人民出版社2005年版。

参考文献

[1] 厉无畏. 创意改变中国[M]. 北京：新华出版社，2009.
[2] 新华字典(第10版)[M]. 北京：商务印书馆，2004.
[3] [韩]W. 钱·金，[美]勒妮·莫博涅. 蓝海战略[M]. 吉宓，译. 北京：商务印书馆，2010.
[4] [美]罗斯托. 经济成长的阶段[M]. 国际关系研究所编译室，译. 北京：商务印书馆，1962.
[5] 厉无畏. 创意产业导论[M]. 上海：学林出版社，2006.
[6] 辞海(第六版)[M]. 上海：上海辞书出版社，2010.
[7] 白庆祥，李宇红. 文化创意学[M]. 北京：中国经济出版社，2010.
[8] 厉无畏，王振. 中国产业发展前沿问题[M]. 上海：上海人民出版社，2003.
[9] 刘春成，侯汉坡. 创意照亮的空间[M]. 北京：知识产权出版社，2007.
[10] 陈刚，等. 创意传播管理[M]. 北京：机械工业出版社，2012.
[11] 陈放. 中国创意学[M]. 北京：中国经济出版社，2010.
[12] [美]理查德·弗罗里达. 创意经济[M]. 方海萍，魏清江，译. 北京：中国人民大学出版社，2006.
[13] 汤莉萍，殷瑜，殷俊. 世界文化产业案例选析[M]. 成都：四川大学出版社，2006.
[14] 张国良. 传播学原理[M]. 上海：复旦大学出版社，2005.
[15] 吕学武，范周. 文化创意产业前沿——现场：文化的质感[M]. 北京：中国传媒大学出版社，2007.
[16] 陈放，武力. 创意学[M]. 北京：金城出版社，2007.
[17] [美]詹姆斯·韦伯·杨. 创意[M]. 李旭大，译. 北京：中国海关出版社，2004.
[18] [美]乔治·路易斯，比尔·皮茨. 大创意[M]. 何辉，译. 北京：中国人民大学出版社，2008.
[19] 林伟贤. 创意点亮生意[M]. 北京：北京大学出版社，2007.
[20] 严三九，王虎. 文化产业创意与策划[M]. 上海：复旦大学出版社，2008.
[21] 文长辉. 媒介消费学[M]. 北京：中国传媒大学出版社，2007.

[22] 张京成.中国创意产业发展报告(2008)[M].北京:中国经济出版社,2008.
[23] 顾江.文化产业规划案例精析[M].南京:东南大学出版社,2008.
[24] 郭力宜.创意学全书[M].北京:中国城市出版社,1997.
[25] 王受之.世界现代设计史[M].北京:中国青年出版社,2002.
[26] 厉无畏,王如忠.创意产业——城市发展的新引擎[M].上海:上海社会科学院出版社,2005.
[27] 花建,等.文化产业竞争力[M].广州:广东人民出版社,2005.
[28] 牛维麟.国际文化创意产业全区发展研究报告[M].北京:中国人民大学出版社,2007.
[29] [美]米切尔·J.沃尔夫.娱乐经济[M].黄光传,邓盛华,译.北京:光明日报出版社,2001.
[30] [美]迈克尔·波特.竞争优势[M].陈小悦,译.北京:华夏出版社,2005.
[31] 徐天铎.创意赢利新模式[M].北京:中国纺织出版社,2007.
[32] 赖声川.赖声川的创意学[M].北京:中信出版社,2006.
[33] [美]W.兰斯·班尼特.新闻:政治的幻想[M].北京:当代中国出版社,2005.
[34] 朱春阳.现代传媒产品创新理论与策略[M].济南:山东人民出版社,2005.
[35] 朱彧.设计艺术概论[M].长沙:湖南大学出版社,2006.
[36] 丁俊杰,李怀亮,闫玉刚.创意学概论[M].北京:首都经济贸易大学出版社,2011.
[37] 伍斌.设计思维与创意[M].北京:北京大学出版社,2007.
[38] 宋晓凰.设计教育与创意产业人才培养研究[D].长春:东北师范大学,2009.
[39] 郑桂玉.创意产业背景下艺术设计人才培养的思考[D].杭州:中国美术学院,2010.
[40] 厉无畏.金融危机下的中国创意产业发展[J].社会科学研究,2010(1).
[41] 荣跃明.超越文化产业:创意产业的本质与特征[J].毛泽东邓小平理论研究,2004(5).
[42] 厉无畏,王慧敏.产业发展的趋势分析与理性思考[J].中国工业经济,2002(4).
[43] 杨杰.在文化创意产业背景下谈设计师素质[J].包装设计,2007(6).
[44] 喻丽君.浙江高校创意产业人才的培养现状与对策[J].高教与经济,2011,24(2).
[45] 杨燕英,张相林.我国文化产业创意人才的素质特征与开发[J].中国广播电视学刊,2010(9).

[46] 创意产业案例分析——创意产业发展与旧城改造——Loft 的产生和发展[J]. 企业研究报告,2006(3).
[47] 林奇. 联合国《2008 创意经济报告》:创意、文化和经济发展[J]. 国外社会科学文摘,2008(11).
[48] 林海. 宝洁:推倒实验室围墙[J]. 经营者,2009(4).
[49] 黄芳. 文化创意产业人才特征探析[J]. 文史博览(理论),2010(6).
[50] 朱苏飞,任幽草. 文化创意人才能力建设的概念与思考[J]. 浙江传媒学院学报,2010,17(4).
[51] 杨燕英,张相林. 我国文化产业创意人才的素质特征与开发[J]. 中国广播电视学刊,2010(9).
[52] 姜文学. 创意产业与创意人才培养[J]. 天津师范大学学报:社会科学版,2008(5).
[53] 赵曙明,李程骅. 创意人才培养战略研究[J]. 管理学研究,2006(6).
[54] 孟祥意. 创意人才的管理策略研究[J]. 中国商界,2009(10).
[55] 陈梅,等. 浙江印刷企业发展问题研究[J]. 经济论坛,2006(7).
[56] 云杉. 文化自觉 文化自信 文化自强——对繁荣发展中国特色社会主义文化的思考(上)[J]. 红旗文稿,2011(10).
[57] 姜言萍. 烟台市城市文化创意产业发展研究[J]. 华东师范大学学报,2011(12).
[58] 李烨,等. 创意旅游视角下的红色旅游品牌培育研究[J]. 市场论坛,2010(2).
[59] 陈柳钦. 产业融合的动因及其效应分析[J]. 西南金融,2007(4).
[60] 杨英法,等. 文化创意与传统产业、传统文化、现代文明的融合模式研究[J]. 河北工程大学学报:社会科学版,2011(1).
[61] 钱广贵. 对分众类广告传媒发展的批判思考:一种基于受者本位的研究[J]. 中国传媒报告,2009(3).
[62] 包琰. 创意元素登上产业发展大舞台[N]. 人民日报,2011-05-11.
[63] 赵畅. 时尚与创意[N]. 上虞日报,2011-09-19.
[64] 吴晓燕. 开放式创新:从公司外部寻找创意[N]. 中国经营报,2010-01-10.
[65] 赵正. 黄加李泡世界杯:网络原创成人礼[N]. 中国经营报,2010-07-18.